U0062195

鹿鸣心理

西方心理学大师译丛

创造性
阅读

**CREATIVE
READINGS:**
Essays on
Seminal Analytic
Works

〔美〕托马斯·H.奥格登 著

周洁文 殷一婷 何雪娜 译

THOMAS H. OGDEN

重庆大学出版社

前　言

托马斯·奥格登是当今国际公认的最具创意的精神分析思想家之一。在本书中,他用自己的方法仔细解读几部重要的精神分析著作,给他独创的精神分析思想注入了生命。在解读这几篇标志性的文章时,他不仅用一种新颖的有洞察力的方式进行讨论,而且对于文中所讨论的观点提出了自己的思考。

奥格登在所讨论的每一篇文章中找到许多作者知道,但是作者本人并没有意识到他(或她)已经知道的很多观点,通过这样的方式,对构成精神分析理论和实践的一些最基本的概念提供更广泛的理解。这种方式的一个例子是,弗洛伊德是如何在哀伤和抑郁的潜意识运作的构想中,提供了潜意识内部客体关系理论的基础。奥格登接着对以下的当代精神分析主要贡献者的经典作品做了进一步重新解读:

(1)W.R.D.费尔贝恩

(2)唐纳德·温尼科特

(3)威尔弗雷德·比昂

(4)汉斯·罗伊沃尔德

(5)哈罗德·西尔斯

本书不仅是一本用来阅读的书,它还是一本关于如何阅读的书,关于读者通过怎样的方式能够积极地重写他们正在阅读的内容,从而让那些观点真正地成为他们自己的。奥格登在他的阅读中提出的概念,为读者扩展他或她对当代精神分析前沿的许多观点的理解提供了重要的一步。心理动力学流派的分析师和治疗师,以及对当代精神分析有兴趣的专业人士和学者,都会对创造性阅读这本书特别感兴趣。

目　录

第一章　关于如何阅读此书的一些想法

本书是这十多年来我阅读弗洛伊德、费尔贝恩、艾萨克斯、温尼科特、罗伊沃尔德、比昂和西尔斯等人的主要作品后所写的阅读体验的合集。我尽量不去描写我阅读这些作品时的体验，而是写出我的阅读体验本身：写这些论文和书籍如何影响了我，我又对这些论文和书籍做了些什么，我如何再创造，将它们变成我自己的书和论文。我想通过这本书提炼一些我阅读的方法，以便读者可以学着找到属于他们自己的阅读方法，包括如何阅读自己的作品。这是一本"阅读之书"——一本关于阅读这件事以及如何阅读的书——而不仅仅是一本阅读笔记。

阅读的体验

当我谈论一本对我很重要的书时，我经常口误，把"我读的这本书"说成"我写的这本书"，然后再纠正自己。我听说其他人也常有同样的口误。我把这个口误归结为一个事实：当我们在一本书上花了大量的时间时，会觉得自己写了这本书，或者至少也是改编了这本书——而在某个重要的意义上，的确如此。阅读不仅仅是简单地"接受"文本的意义。在一般的阅读时，我们将页面上那黑色的字迹转化为具有意义的语言结构。但是在进行创造性阅读时，我们所做的比这更进一步。我们每个人都有一套自己的以文字作为起点的含义和想法："纵使把书捧在双手，读坏你的双眼，你也永远不会找到我发现的东西"（Emerson，1841，p.87）。我认为这种阅读方式——更准确地说是阅读的这个方面——是一种"传递性阅读"，在这种阅读体验里，我们主动对文章的内容做一些事情，使其成为我们自己的，以自己独特的方式解读，来给文章增加一些在我们阅读之前不存在的内容。

而同样重要的是要能够进行"非传递性"阅读，也就是说，能够把自己交给阅读体验。在阅读时，我试着让自己的思想被作者占领，并在一定程度上被其接管，用他/她的语言说话。当我阅读一篇精神分析文献，如梅兰妮·克莱因的作品时，我"变成了一个克莱茵派"，通过她的视角观察世界。在给学生和同事讲授克莱因的文章时，我要求他们在阅读时尽量将她的想法作为一个整体来考量，而不要因为"一个两岁的婴儿不可能以她所描述的方式进行幻想"这样的（下意识的）反对意见而破坏阅读体验。

把自己交给阅读体验绝不是超然或被动的事。这意味着他不仅允许"外来者"（不属于自己的单词和句子）成为自己的一部分，还可以让外来者（作品）阅读自己。当然，那些作品没法阅读我们，但它可能会以一种我们从未想到过的视角向我们展示自身，并且从此以后我们在看待我们自己时再也无法把这部分排除在外。"被作品阅读"（利用作品形成对当下这种阅读体验独有的自我反省形式）的经验应该是不会感觉到被侵入或侵扰。相反，在好的被阅读体验里（用阅读的体验了解自己），读者可能会感到自己某个重要的却又不知如何言说的部分变得渐渐鲜活，或者能更充分地活出自己原先无法活出的部分——能用那样的方式思考和表达自己。

温尼科特的作品有着非凡的阅读读者能力（见第五章）。以《原初情绪发展》一文为例：

在我看来，在这里（宝宝因为吮吸拇指或手太用力而弄伤手指或嘴巴）就有这个成分，婴儿为了获得快乐必须要有人[1]受苦：除了会被恨（伤害），原初爱的对象也会被爱伤害。

（Winnicott, 1945, p.155）

读到这句话时，会发现它的语言里充满了悲伤和美，特别是"原初爱的对象也会被爱伤害"这几个词。虽然我的孩子现在已经成年了，但我体验过他们在婴儿时期对我的原初的爱和需要的力量（甚至可以说是暴力）。我像大多数父母一样，因为试图用我的爱来满足他们的原初爱，经历了睡眠剥夺、痛苦的忧虑和情绪的折磨。但是，正如温尼科特在这句话中所说的那样（以接纳而又冷静的声音），那就是动物的天性——作为原初爱的对象的天性。

这句话里温尼科特说的 Object 并不是指常用的术语"客体"（即作为

1　在这里指手指或嘴巴。——译者注

外部客体世界中的某人或内部客体世界中的某个形象),而是指通常意义中的"对象"(及物动词"爱"的宾语:原初爱指向的那个人)。我像大多数父母一样,如果可能,并不想成为这种爱的对象。对我来讲,更困难的部分在于,在阅读温尼科特和被它阅读的过程中充分而真诚地承认,无论是作为一个孩子,还是一个成年人,我自己的原初爱已经伤害了别人——特别是我的父母、我的妻子和我的孩子。而这,也是动物必然的天性。

如何在阅读中解释:添加新内容

除了艾萨克斯以外,本书讨论的作品都出自多产的分析师。我选择了每位作者的一到两个作品来仔细阅读。之所以选择这些文章和书籍,是因为反复阅读和重新撰写这些作品的经验,对于我作为精神分析师的发展起到了非常重要的作用。我尽量精确地传达(其中一种方式是详细地引用原文)作者的想法和他们表达这些想法的方式。然而,我的重点并不在于要确定弗洛伊德、比昂、艾萨克斯或罗伊沃尔德的"真正的意思"。我更感兴趣的是这些作者知道,而他们自己却不知道他们已经知道的东西——那些作者并没有在意识层面理解或想要表达,却又在书中大量存在的东西。

了解了我的这种阅读(和写作)方式,读者难免会问,哪些思想是原作者的,哪些又是我的。我来举个例子,我在第三章中说,在"幻想的本质和功能"这句话里,艾萨克斯(1952)"隐含"的意思是发现、探索和理解外部现实的需要是幻想固有的。我的意思是说,对我而言,艾萨克斯的语言强烈地暗示了这个想法。她写这篇文章时(在意识层面)有这个想法吗？可能没有,但我相信她使用的语言表明了她的想法是这样的。我得出这个结论的原因是她在论文的最后部分指出,幻想的象征化功能"在内在世界和对外部世界的兴趣以及对客观存在的物体和事件的认识之间建立了桥梁"(Isaacs,1952,p.110)。她接着指出,幻想促进了"对外部世界的兴趣发展和学习过程"(p.110))。稍后她又说:"寻求和组织认知(外部世界)的力量是从(幻想活动)中获得的"(p.110)。正是在这些陈述和其他我在讨论中引用的她的论文的论述中,我推断,获得知识的需要为幻想活动(我认为这是潜意识思维的代名词)指引了方向。

可能有人会问,你作为一个读者,如何决定这个推论的可靠性？对这个问题,我的部分回应是:这并不重要。重要的是你能够把艾萨克斯明确阐述的观点和她的语言中所暗示的观点相结合。当我阅读艾萨克斯的文章时,我可能对文章能比她理解得更进一步,因为我——和每个当代精神分析读者一样——可以获悉艾萨克斯无法获得的精神分析及其相关领域的新发展。在我的耳边,她的文字与几十年后的作品相呼应,如乔姆斯基(1957,1968)在语言深层结构方面的作品,比昂(1962a,1962b)关于精神分析思考理论的作品,以及温尼科特(1974)的"崩溃的恐惧"的概念。另外,也许更重要的是,我有一个不同于艾萨克斯的属于自己的观点,这能让我在她的作品中看到很多她看不到的观点。对于各位读者也一样,你们可以在阅读艾萨克斯和我写的作品时看到你们自己的观点。

在接下来的章节中,我有时会说某个观点是我对作者观点的"扩展",但事实上,我无法确切地说出哪些是作者的观点,哪些是我的。观点本身并不带着它们的拥有者的标签[1]。例如,在讨论费尔贝恩的作品(第四章,p.62)时,我说:

> 在我看来,对于内部客体的愤怒、怨恨等力比多联结,必然包含着把不爱和不接受的(内部)客体变成爱着的和接受的客体的(潜意识的)愿望/需求。

从这个观点来看,我将力比多自我和内部破坏者视为试图将兴奋性客体和拒绝性客体转换为爱的客体的那两部分客体。

在这段话中,我扩展了费尔贝恩对内部客体关系的思考,指出在费尔贝恩描述的内部客体世界的条件下,在我看来,创造和维持潜意识内部客体世界的最重要的驱动力是将不满意的客体转化为满意的客体的需要。费尔贝恩本人从来没有得出这个结论。而读者您,必须自己判断,我对费尔贝恩思想的扩展是否与费尔贝恩的想法一致,以及它们是丰富还是减损了他的贡献。但我意识到,当我听到自己说"读者您,必须自己判断,我对费尔贝恩思想的扩展是否与费尔贝恩的想法一致"时,——这个观点对我来说只是局部的真相。在此基础上,必须增加另一个同样有效

---

[1] 正如思想并不带着拥有者的标签,与此同样重要的是,思想家也不带着归属流派(例如,"当代克莱因派""当代弗洛伊德派""自体心理学家""关系学派分析师"等这一类)的标签。

的观点：你作为读者没有义务去确定我的想法是什么，费尔贝恩的是什么。事实上，确定这些并不重要。重要的是你如何使用费尔贝恩的和我的作品——得到既不是费尔贝恩的也不是我的，而是你自己的观点。

即使有人想要确定哪些观点是费尔贝恩的，哪些是我的，在我看来，这是不可能完成的任务。布洛伊尔在他对《癔症研究》（Breuer and Freud，1893–1895）的理论部分的介绍中很有说服力地谈到了原创声明所涉及的问题：

> 当一门科学飞速发展时，起初由个体所表达的思想很快成为公共财产……我们往往很难确定是谁首先说出了这些观点，并且当一种观点已经被他人说过之后，依然将其视为某个个人的创造物是有风险的。因此……如果我未能在我自己的话和他人的原创之间做出明确的区分，希望能得到谅解。
>
> （Breuer and Freud，1893–1895，pp.185–186）

博尔赫斯（Borges）在他的第一本诗集《布宜诺斯艾利斯激情》的序言中，对于没有人有权力将一首诗（或一个观点）据为己有这个观念，补充了一种嘲讽和机智的意味，为此增加了一层复杂性。他说：

> 如果您在后面的书页中看到了一些还算不错的诗篇，请恕我厚颜将它们先写了出来。我们大家是一体的；我们渺小的思想是如此相似，只是环境影响了我们，偶然地，您成了诗篇的读者，而我成了作者。
>
> （Borges，1923，p.269）

具有嘲讽意味的是,博尔赫斯以一种毫无疑问属于他原创的写作和思想风格,来驳斥任何人有理由声称自己的写作和思考完全是他自己的这一观点。作者不能断言自己作品的原创性这一观点不是博尔赫斯的原创,但是博尔赫斯表达这种观点——同时驳斥它——的方式彻底改变了这个观点,并使之成为他的原创。

表达的内容和表达的方式

无论我们是否赞同有人有权将一个观点、一首诗歌或一篇散文或其他形式的"文字旋律"据为己有(Borges,queoted by Vargas Llosa,2008,P32),人类必须用新的方式一而再再而三地重新探索真理,否则那些真理将成为阻碍真正的思想和创造力流动的陈词滥调。思想的更新和表达的独创性是相互依赖的:写作是一种独特的思考形式;写作的独创性就是思想的独创性。文章的内容和风格两者相互依存。如果我们把作品的内容视作骨骼,那么作品的风格就是它的血肉。没有了风格,内容就是一具无生命的尸体;没有了内容,风格则如同虚幻的幽灵。风格和内容结合在一起才能构成鲜活的作品。正是由于这个原因,在讨论本书每章的主题书籍和论文时,我将写作风格和思想内容视为同一实体的两个特质——一个人无法用两种不同的方式说同一件事:而用不同的方式说一件事,其实是在说不同的事。

例如,在阅读弗洛伊德(1917a)《哀伤与抑郁》(见第二章)的下列句子时，将观点从写作方式中剥离出来是不可能的：

> 如同哀伤用宣称客体死亡的方式推动自我放弃客体并给自我提供
> 继续生活的动能那样，（在抑郁状态下）每一种矛盾心理的斗争也是在通
> 过贬低、诋毁，甚至是用正在杀死它的方式松动着固着于客体的力比多。
>
> （p.257）

这段话的含义非常丰富——在区区几行字中包含了大量的思考。可以说，这个时代的论文的全部中心论点在这一句话中或明或暗地得到了表达。在对比哀伤与抑郁的心理活动时，弗洛伊德不仅描述了，而且通过语言本身传递了他心中所想。弗洛伊德认为，哀伤与抑郁的目的是相同的——都是为了应对失去一个有着深层依恋关系的人——他虽然没有这样说，但是"如同……也是……"的句子结构表达了这样的意思。

弗洛伊德在这句话中用万物有灵论的方式——他标志性的写作策略——创造了一个想象中的场景，哀伤作为一个有生命的代理机构，对自己（自我）采取了一些至关重要的行动："哀伤用宣称客体死亡的方式推动自我放弃客体"。哀伤是通过"给自我提供继续生活的动能"来实现这一点。这是一个非常重要的声明（包含在一个简单句中）：进入哀伤过程包含了一个潜意识的选择，这个选择使人能在失去了所爱之人的世界里在情感上继续活着。哀伤体验是"继续活着"的一种形式 ——哀伤意味着在没有所爱之人的世界中活着。而不去哀伤是让自己的某个部分在情感上死去，以避免承受失去所爱之人的痛苦。

在这句话的后半句中，弗洛伊德首先指出了哀伤与抑郁之间本质上的相似性与区别："（在抑郁状态下）每一种矛盾心理的斗争也是在通过贬低、诋毁，甚至是用正在杀死它的方式松动着固着于客体的力比多。"换句话说，抑郁者像哀伤者一样，也面临着失去依恋客体的痛苦。抑郁者也和哀伤者一样，在"每一次矛盾心理的斗争"中——这个短语抓住了抑郁者与自己斗争的痛苦经历——都试图（但是无效）"松动"他对那个客体的联结。

哀伤者与抑郁者之间的区别在于抑郁者无法面对失去了自己的力比多"固着"的客体的生活。因此，他潜意识地选择不好好活下去（"继续活着"），而是代之以通过无休止地对缺失的爱的客体表达暴怒来得到满足。这种状态维持了一种幻象（潜意识的心理现实），仿佛缺失的客体仍然存在，而且能够察觉和体会到抑郁者的痛苦和被深深伤害的感觉。抑郁者不厌其烦地"贬低、诋毁，甚至是正在杀死它的方式"（已经失去的，但是在心理上依然存在的客体）。句子末尾的"甚至是正在杀死它"简直是用词精准。抑郁者不是已经消灭了客体，他只是"正在"杀死它——这里包含了抑郁者的两个方面：他既杀死了客体（这样的话，在心理上他对于无能为力的状况有了掌控感），又不是"真正的"杀死它（即使在自己的脑海里，或者说，特别是在自己的脑海里），因为他需要在心理上让客体活着，这样客体才能见证他无休止的暴怒和贬低。

在这精妙的句子里，弗洛伊德的与众不同之处在于他的写作大胆但不鲁莽，其中充满了精心挑选的词汇、短语和从句。作品像是一个紧密缠绕的弹簧，有着微妙的爆发力。

研究弗洛伊德的作品等于研究他的思想，而研究他的思想即研究他的作品。这也适用于本书中讨论的其他所有作品的作者。在下面列出的每个句子中，都有着与每个作者独特的写作方式紧密相连的独具特色的思维方式。

除了艾萨克斯，谁能在一句话里就抓住幻想在潜意识心理活动中的普遍存在性：

所有的冲动、所有的感觉、所有的防御方式都在幻想中被体验着，幻想赋予它们精神生命，并为它们指引方向和目标。

（Isaacs，1952，p.99）

除了费尔贝恩，谁能用完全相反却又令人信服的术语来表述并回应艾萨克斯的核心思想：

我不能不表达这样一个观点："幻想"这一解释性概念已经被"心理现实"和"内部客体"的概念所淘汰……这些内部客体在内部世界中具有的组织结构、专属身份、心理存在和活动，应被视为与外部世界的任何物体一样真实。

（Fairbairn，1943a，p.359）

除了温尼科特，谁能拒绝采用艾萨克斯或费尔贝恩或其他任何人的语言和想法，而发展出完全不同的写作和思考方式，从而写出下面的句子：

未整合现象的一个例子在某些病人中是很常见的一种体验，他们会详细地诉说周末的每一个细节,如果说完所有的事情,病人会感到满足,尽管分析师觉得什么分析工作都没做。……被理解意味着至少在分析师那里感觉到了整合。这在婴儿期是很普通的事,如果没人帮一个婴儿把他的碎片聚集到一起,他的自我整合一开始就有缺陷……在一个健康婴儿生活中的很长一段时间里,只要他时常能够得到整合并感觉到某些东西,他并不介意自己是碎片化的还是一个整体,也不介意自己是活在母亲的脸上还是活在自己的身体里。

(Winnicott, 1945, p.150)

除了西尔斯,谁能发明一种像分析体验本身一样令人震惊的诚实的写作风格:

当我们(他和他住院的精神分裂症患者)静静地坐着,不远处的收音机播放着轻柔的情歌……我意识到,对我来说,眼前的这个男人比世上任何其他人(包括我的妻子)都珍贵。

(Searles, 1959, p.294)

除了比昂,谁能用如此简单而又神秘的方式在句子中引入一组革命性的分析思想:

不能做梦的病人无法入睡,也无法醒来。因此,临床上看到的精神分裂症患者的奇特行为就好像他正处于这种状态。

(Bion, 1962a, p.8)

除了罗伊沃尔德，谁能把这句话写得如此深刻而令人不安，却又如此真实：

直言不讳地讲，当我们在父母面前做孩子的角色时，我们通过真正地解放自己，确实杀死了他们身上某些至关重要的东西——不是通过致命一击，也不是在所有方面，但是正在促成他们的死亡。

（Loewald，1979，p.395）

也许，对本书价值的最重要的衡量标准是我能在多大程度上发现这些文章的新含义。虽然书页上的文字并未发生变化，但当我成功地进行创造性阅读后，这些词语和句子的含义发生了变化，那些一直等待着被发现的含义，在这一刻终于被一个读者发现，读者自己也因这些发现而改变，并在发现它们的过程中改变那些潜在的含义。

第二章　弗洛伊德的《哀伤与抑郁》和客体关系理论的起源

　　有些作家的写作是把他们已有的想法写下来，有些作家边写边思考。后者似乎在进行写作的过程中进行思考，好像那些想法是笔尖触碰到纸张时冒出来的，而作品也随着这个过程出其不意地展开。弗洛伊德（1917a）在创造他的许多重要作品（包括《哀伤与抑郁》）时，属于后一种作家。在这些作品里，弗洛伊德没有试图掩饰他的这种写作方式，例如他不成功的开头、他不确定的地方、他思想的反转（常常发生在句子写到一半时），以及他暂时搁置的那些诱人的想法（因为那些想法在他看来只是假设或缺乏足够的临床基础）。

　　弗洛伊德留给我们的遗产不仅仅是一系列思想，与此同样重要且密不可分的还有一种新的思维方式，这种思考人类体验的新方式形成了人类主体性的新形式。从这个角度看，他的每一篇精神分析著作既是对一套概念的阐释，同时也是一种创新的思考和体验我们自身的方式。

　　我选择精读弗洛伊德的《哀伤与抑郁》有两个原因。首先，我认为这篇文章是弗洛伊德最重要的贡献之一，它首次以系统的方式发展了一种后来被称为"客体关系理论"（Fairbairn，1952）的思想。我用客体关系论这个术语来指代一系列精神分析理论,这些理论都认同一套组织松散的隐喻,这套隐喻阐明了潜意识的"内部"客体(即人格潜意识分裂的部分)对内心和人际关系的影响。这一系列思想自1917年诞生以来就对其后精神分析的形成和发展起到了重要作用。其次,我发现仔细阅读《哀伤与抑郁》不仅为读者提供了特别的机会来聆听弗洛伊德的思想,而且可以通过字里行间与他一起进入他的思考过程。这样,读者就可能学到很多弗洛伊德在创造这篇文章时的新型思维方式(以及随之而来的主体性)的独特之处。

1915年年初,弗洛伊德在不到三个月的时间里完成了《哀伤与抑郁》,期间他的理智和情感都经历了重大动荡。当时,欧洲处于第一次世界大战之中,他的两个儿子不顾他的反对应征入伍奔赴前线。与此同时弗洛伊德自己处于强烈的智力动荡期。1914年和1915年,他撰写了一系列共12篇文章,标志着自《梦的解析》(1900)出版以来他对精神分析理论的第一次重大修正。弗洛伊德的本意是以"元心理学的前提"作为书名将这些论文集结出版,他希望这本文集能"为精神分析提供稳定的理论基础"(Freud,quoted by Strachey,1957,p.105)。

1915年夏,弗洛伊德在写给费伦齐的信中说,"十二篇文章算是已经写好了"(Gay,1988,p.367)。"算是"这几个字表明了弗洛伊德对他所写的文章内容有疑虑。这十二篇开创性的文章,只有五篇得到了发表:《本能及其变迁》(1915a)、《论压抑》(1915b)、《论潜意识》(1915c)这三篇,1915年当年就在学术期刊上发表了,《梦理论的元心理学补充》和《哀伤与抑郁》虽然在1915年完成,但直到1917年才正式发表。弗洛伊德销毁了其他七篇文章,他告诉费伦齐,"(它们)本来就该被封禁并销声匿迹"（Gay，1988，p.373）。这七篇文章连他最亲密的朋友都没有见过。弗洛伊德让这些文章"销声匿迹"的原因至今仍是精神分析史上的一个未解之谜。

接下来，我会选取《哀伤与抑郁》中的五个片段进行讨论，每个片段都包含了对从精神分析的角度理解哀伤和抑郁的潜意识工作的重大贡献；与此同时，我将弗洛伊德集中探索这两种心理状态时所采用的方法作为一个载体，来引出——以明示和暗指的方式——他的潜意识内部客体关系理论的基础。（在此讨论中我所采用的是1957年斯特雷奇翻译的《弗洛伊德文集》中的《哀伤与抑郁》（1917a）。与翻译质量相关的问题不在本文讨论范畴之内。）

自尊的失调

弗洛伊德独特的声音回响在《哀伤与抑郁》的开篇第一句话中：

我们已经把梦看作自恋型精神障碍在正常生活中的原型，现在让我们通过与正常的哀伤进行比较，来尝试理解抑郁的本质。

（p.243）

在《弗洛伊德文集》的23卷中，我们听到的弗洛伊德的声音是始终如一的。这是一种其他精神分析师未曾有过的声音，因为除了他没有人有权力这样做。这是作为一门新学科的奠基人的声音。在距离创作《哀伤与抑郁》不到一年之前,弗洛伊德(1914a)指出,没人能质疑他在精神分析史上的地位:"精神分析是我创造的,十年来只有我投身于这个领域"(p.7)。在这篇文章的开篇第一句中,已经可以听到非同寻常的,但在阅读弗洛伊德作品时又觉得理所当然的声音:在写下这句话之前的20年间,弗洛伊德不仅创造了一个革命性的理论体系,还改变了语言本身。让我拍案叫绝的是,这句话中的每一个词,经由弗洛伊德之手都被赋予了新的含义和新的关联。这些新的含义和关联,不仅是相对这个句子中的其他词语而言,也是相对于整个语言体系中的无数个词语而言。例如,句首的"梦"这个词,就表达了在《梦的解析》(1900)出版以前从未有过的丰富含义和神秘性。

弗洛伊德为"梦"这个词语赋予了以下新的意义:

(1)一种关于被压抑的潜意识内心世界的理论构想,这个潜意识的内心世界与意识体验隐晦又强有力地相互影响;

(2)性欲从人一出生便存在并扎根于身体的本能,它表现为人类普遍的潜意识的乱伦愿望、弑亲幻想及阉割恐惧;

(3)认识到做梦的作用:是潜意识和前意识之间必不可少的对话;

(4)对人类符号系统进行彻底的重新建构——兼顾统一性和每个个体的独特性。

当然,以上几点只是弗洛伊德赋予"梦"这个词的一部分新意义。

同样地,"正常生活""精神障碍"和"自恋"这几个词相互联系并和"梦"这个词相呼应,这些联系在此前的20年根本不可能出现。这句话的后半部分暗示着,在这篇文章中,另外两个描述人类体验的词"哀伤"和"抑郁"将会被赋予新意义。弗洛伊德这里所用的术语抑郁(melancholia)基本上等同于目前使用的抑郁(depression)。

随着弗洛伊德将"哀伤"和"抑郁"的心理特征进行比较,文章的核心论点开始展开:两者都是对丧失的反应,都包含了"对正常生活态度的严重偏离"(p.243)。弗洛伊德指出"(哀伤)从未被视作病态,且并不需要治疗,我们认为它在一段时间后被克服,而且,任何对它的干扰都是无用的甚至是有害的"(pp.243-244)。这是作为不言而喻的陈述提出来的,在1915年的维也纳,可能也是如此。然而在我看来,这种理解在今天看来更多的是口头上的,而不会真正得到尊重。

抑郁是指这样一种状态:

一种深刻而痛苦的沮丧,失去对外界的兴趣,丧失爱的能力,所有的活力被抑制,自尊降低到自我谴责和自我谩骂的程度,最终发展到对惩罚的幻想式预期。

（p.244）

弗洛伊德指出,哀伤与抑郁有着相同的特征,除了一个例外:"自尊的失调"。读者只有在读完全文后重新回味时,才能意识到这个在整篇文章中简单到一笔带过的论点的重要性:"哀伤没有自尊心受损,其他方面的特征几乎是一样的"(p.244)。就像每一本优秀的侦探小说一样,所有破案的线索实际上从一开始就在那里了。

在讨论了哀伤与抑郁的异同之处(它们似乎只有一个症状上的不同)作为文章的背景之后,弗洛伊德似乎突然一头扎进了对潜意识的探索。在抑郁时,病人和分析师甚至不知道病人丧失的是什么——这在

1915 年是一个非同凡响的观点。即使抑郁患者知道他正在经历丧失一个人的痛苦，"他只知道他失去了谁，但他不知道失去这个人意味着什么"（p.245）。这里弗洛伊德有些含糊其辞。抑郁者不知道的是他与客体联结的重要性，即"在（失去）客体时失去的是什么"，还是因为丧失客体，他自己身上失去了什么。不管弗洛伊德是否有意为之，这种模糊性向我们精妙地引入了因为客体丧失而抑郁时的两个同时存在而又相互依存的潜意识概念：一个涉及抑郁者与客体联结的性质，另一个涉及抑郁者用改变自己来应对客体的丧失。

　　这一点（抑郁者对自己失去的是什么缺乏认识）表明在某种意义上抑郁时的客体丧失在潜意识层面，而与之相反的是，哀伤时没有任何丧失是不能被意识到的。

（p.245）

　　在尝试理解了抑郁时潜意识的客体丧失的性质之后，弗洛伊德回到了哀伤和抑郁的唯一可观察到的症状差异：抑郁者的自尊心受损。

　　在哀伤时，变得贫乏和空虚的是这个世界；在抑郁时贫乏和空虚的是自我本身。抑郁者展现的自我是无价值的，无成就感的和道德败坏的；他自我谴责，自我谩骂，并期待被抛弃和被惩罚。他在每个人面前自我诋毁，并为他的亲人有他这样没用的人而难过。他并不觉得是他自己发生了变化，而将自我否定一直延伸到过去，认为自己一直都是这么糟。

（p.246）

　　在此,弗洛伊德更多的是通过他使用的语言,而不是直接的理论阐述,重建了他关于心灵的模型。这一段描述里,有主体–客体,主格我–宾格我的稳定配对:病人作为主体,责备、诋毁、谩骂作为客体的他自己(而且这种行为在时间上可以前后延伸)。这暗示着——仅仅是暗示——在抑郁状态中,这些主体–客体的配对从意识层面延伸到了无时间限制的潜意识层面,并在潜意识中不断持续着,而在哀伤时这是不会发生的。在这个意义上,潜意识是这样一个隐喻性的场所:在这里"主格我–宾格我"的配对是潜意识心理内容,主体(主格我)无休止地攻击客体(宾格我),在攻击中自我(这里是一个演变中的概念)被耗尽,从而变得"贫乏空虚"。

　　抑郁者是病态的,因为他与失败的关系和哀伤者的不同。抑郁者并未表现出人们所期望的那种"小气、自负和不诚实"(p.246)的人应有的羞耻感,相反他表现出了"由于在自我暴露中获得满足而喋喋不休的交流欲"(p.245)。每次,弗洛伊德回到对抑郁者自尊心受损的观察时,他都阐述了抑郁者的潜意识"内部工作"(p.245)的不同方面。而这次的观察,基于前面累积的一系列含义,为发展出一个全新的"自我"概念奠定了重要基础,而这个全新的"自我"概念,到目前为止还只是被略为提及:

　　抑郁这种精神障碍为"自我"的构建提供了一种新视角。我们可以看到(抑郁者)如何用一部分自我来反对另一部分自我,批判性地评价它,似乎把这部分的自我当成了客体……这就是我们熟知的"道德"。我们有证据显示自我可以变得不健全。

(p.247)

在此,弗洛伊德从以下几个重要的方面重新构建了自我。对于弗洛伊德尚在萌芽中的潜意识内部客体关系理论而言,这些新的构想合在一起形成了第一套基础性原则:(1)自我作为一个心理结构,具有意识和潜意识的子成分("部分"),可以分裂;(2)分裂出来的一部分潜意识自我可以独立地产生想法和感觉——当它是批判性自我时,这些想法和感觉是自我道德观察和评价;(3)分裂出来的一部分自我可以和另一部分自我形成一种潜意识的关系;(4)分裂出来的自我部分可以是健康的,也可以是病态的。

客体丧失转化为自我丧失

当弗洛伊德再一次(不过是以一种新的方式)讨论哀伤与抑郁的唯一的症状差异时,文章的结构变得很像是赋格曲[1] 一般:

如果有人能耐心地倾听抑郁者各种各样的自我指责,最终难免会留下这样一个印象:最强烈的那部分指责几乎不适用于病人本人,但是只要稍加修改,这些指责的确适用于另一个人,那个被病人爱着的、爱过的或者应该爱的人……所以我们发现临床现象上的关键点:抑郁者的自我指责其实是对爱的客体的指责,只不过病人把它们转嫁到自己

1　赋格曲为巴洛克音乐的一种,主要特征为声部间彼此呼应。——译者注

的"自我"上了。

（p.248）

就这样，弗洛伊德似乎一边写作一边发展出了更敏锐的观察力，从而发现了他以前未曾注意到的东西——抑郁者堆积在自己身上的那些指责是他潜意识里对爱的客体的攻击和移置。这个观点是弗洛伊德客体关系理论的第二套基础性原则的开端。

考虑到抑郁者在潜意识对所爱客体的谴责之后，弗洛伊德重新拾起了他在前文的讨论中提到过的一条线索。抑郁者对所爱的客体经常带着各种矛盾情感陷入心理斗争，就像"订了婚又被抛弃的女孩一样"（p.245）。弗洛伊德观察到，抑郁者虽然坚称自己毫无价值，却又丝毫不显得谦卑，反而"表现得好像总是感到自己被轻视或不公正地对待"（p.248），由此弗洛伊德详细地阐明了矛盾情感在抑郁中所起的作用。抑郁者表现出来的强烈的理当如此和不公正感"可能正是因为抑郁者的行为表现是出于心理上的反抗，这些反抗通过某种过程导致了抑郁者的破碎状态"（p.248）。

在我看来，弗洛伊德在暗示：抑郁者对于让他感到失望和对他"极不公正"的客体，体验到的是暴怒（而不是其他类型的愤怒）。在抑郁中，这种情绪上的抗议/反叛在经过"某种过程"后被粉碎了。对"某种过程"的理论描述在《哀伤与抑郁》的后面部分占据了很大的篇幅。

在接下来的句子里，读者可以在弗洛伊德的声音中听到明确无误的兴奋："重新构建这个[变化]过程简直毫无困难"（p.248）。他的想法渐渐成形了。从各种貌似相互矛盾的观察发现——例如抑郁者既有强烈的自我谴责又有自以为是的暴怒,清晰的思路渐渐显现。在阐述抑郁者从反叛(他所承受的不公正)到破碎状态的心理过程时,弗洛伊德以极其巧妙的方式,展示了一个关于潜意识结构的全新概念:

> [对抑郁者而言,]一度存在着对一个目标客体(即某个特定的人)的力比多依恋,然后,因为这个爱的客体的忽视或让人失望,这个客体关系破碎了。但是抑郁者并没有像通常情况下那样将力比多(爱的情感能量)从这个客体撤回并转到一个新的客体上⋯⋯

> [相反,]原有的客体贯注[对客体的情感投入]因为毫无抵抗力[无力维持与客体的联结],而走到了尽头。但是,被释放的力比多没有转移到另一个客体;它撤回到了"自我"中。在那里⋯⋯它[从客体中撤回的爱的情感投资]被用来建立[部分]自我与被抛弃客体的认同。这样,客体的阴影就落在[这部分]自我上,[这部分]自我从此就要接受这个特殊的代理机构[另一部分的自我]的评判,仿佛这个代理机构就是一个客体,那个已经被抛弃的客体。这样,客体的丧失就转化为自我的丧失[自尊的削弱],自我与被爱的客体间的冲突[被转化成了][一部分]自我[即后来被称为超我]的批判行为与经由认同而改变了的自我之间的断裂。

(pp.248-249)

以上这段话简洁有力地展现了弗洛伊德从这篇文章开始,是如何从理论上和临床上撰写(思考)自我的潜意识、配对及分裂(即关于潜意识的内部客体关系[1]）之间的关系。这是他第一次，将自己最近对心理模型的修订和重新构建整合成连贯的描述，用更抽象的理论术语来表述。

　　这段文章内容是如此庞杂，让人不知道应该从哪里开始讨论。在我看来，弗洛伊德用语言提供了一个进入这个精神分析思想发展关键时刻的切入点。这里弗洛伊德所用的语言发生了重要的变化，这个变化传达了他对抑郁这一概念的某些重要方面的重新思考。"客体丧失""丧失了的客体"，甚至是"作为爱的客体的丧失"这些词语未经任何解释就被他用"被抛弃的客体"和"被遗弃的客体"所替代。

　　抑郁者对客体的抛弃（与哀伤者的客体丧失相反）包含着一个悖论式的心理活动：被抛弃的客体被抑郁者用与之认同的方式保存了下来："这样（通过与客体认同）客体的阴影落在'自我'上"（p.249）。在抑郁中，"自我"不是被客体的光芒所改变，而是被（更黑暗的）"客体的阴影"所改变。阴影的比喻说明抑郁者对被抛弃客体的认同体验是单薄的、平

1　虽然弗洛伊德在《哀伤与抑郁》中已经使用了"内部世界"这个概念；但把这个概念转化成系统性理论的是克莱因，她构想出的这套理论说明了潜意识的结构和内部客体世界与外部客体世界的相互作用。通过发展关于潜意识的构想，克莱因对精神分析理论的关键性转变做出了极大的贡献。她将原本占主导地位的弗洛伊德的地型结构模式变成了一组关于空间的隐喻（这些隐喻有的在《哀伤与抑郁》中提到过，而有些只是暗示过）。这些关于空间的隐喻，描绘了一个居住着"内部客体"——"自我"分裂出来的各个部分——的潜意识内心世界，这些"内部客体"通过强烈的情感纽带联结在一起形成了"内部客体关系"。（关于"内部客体"和"内部客体关系"这两个概念在弗洛伊德、克莱因、艾萨克斯和费尔贝恩作品中的演变的讨论，参见第三章、第四章；也见Ogden，1983。）

面的,而不是健壮有活力的。抑郁者通过对客体的认同回避痛苦的丧失体验,从而否认与客体的分离:客体就是我,我就是客体。客体的丧失并不存在,全能的内部客体(与客体认同的那部分"自我")替代了外部客体(被抛弃的客体)。

所以,为了应对丧失带来的痛苦,"自我"分裂成两部分并组成了一个内部客体关系:一部分"自我"(批判性代理机构)愤怒地(带着极度的愤慨)攻击另一部分"自我"(与客体认同的那部分自我)。虽然弗洛伊德没有这么说,但我们可以认为创造内部客体关系的目的是逃避客体丧失的痛苦。这种逃避是一种潜意识的"与恶魔的交易":为了逃避客体丧失的痛苦,他切断了自己与大部分外界现实的联系,从而注定会感到生无可恋。在这个意义上,抑郁者丧失了他大部分的生活——拥有各种真实的外部客体的立体情感生活。抑郁者的内心世界被想要紧紧抓住客体的愿望所塑造,他用想象出来的客体——与客体认同的那部分"自我"来代替客体。在某种意义上,客体的内化使客体永远被抑郁者囚禁,与此同时抑郁者也永久地成了它的俘虏。

我想到我一个病人的梦,它特别深切地表现了抑郁者的内部客体世界被冻结的状态。

K先生在结婚22年的妻子去世一年后开始接受精神分析。在分析进行几年后,K先生汇报了一个梦。梦里他去参加一个为了表彰某个他也不清楚是谁的人的聚会。正当聚会进行中,人群中有个男人站起来热情地谈论K先生的优秀品质和卓越成就。等男子讲完后,K先生站起来感谢了对方,然后说,因为本次聚会的目的是表彰那位贵宾,所以大家的关注点应该在贵宾身上。K先生刚刚坐下，马上有另一个人站起来又一次高度赞扬了K先生。于是K先生再次站起来，简单地表达了谢意，并再次让大家把关注点转向贵宾。这个过程一再地重复，直到病人（在梦里）意识到这个过程可能会可怕地循环往复直至永远。K先生在恐慌中醒来，心跳加速。

在病人汇报这个梦之前的一次会谈里，他告诉我说，对于自己是否还能爱上另一个女人并"恢复正常生活"，感到越来越绝望。他说他从未停止期望妻子还是会每天晚上六点半下班回家。他补充说，妻子去世后的每一次家族聚会，只是又一次提醒他他失去了她。然后他为自己悲哀而自怜的语气道歉。

我告诉K先生，我认为他的梦捕捉到了他被自己的无力感困住的状态，他无法对与他人交往的新体验产生任何真正的兴趣，更不用说为此感到荣幸了。在梦里，他用来宾们无休止地赞扬他的方式，把本该指向自身以外（除了他内心冻结的与妻子的关系以外）的兴趣转而投向了自己。接着我说梦里的那位贵宾很不寻常，他没有名字，更没有身份和可能会引起别人的好奇、困惑、愤怒、羡慕、嫉妒、同情、爱及钦佩或者其他情感反应的人格特质。最后我补充说，在梦结束时他感觉到的恐惧可能反映了他觉察到他的自我囚禁的静止状态可能会是永久的（这个解释的大部分内容和我们以前的讨论有关，我和K先生曾多次讨论关于他"卡在"一个不再存在的世界这样的状态）。K先生回应我说，我说话的时候他记起了梦的另一部分，那是一幅静止的画面：他被沉重的枷锁束缚得丝毫不能动弹。他说对自己在画面中极度的被动感到厌恶。

接下来病人做的一些梦及后续讨论表明分析里出现了转折点。病人对于和我的分离（两节咨询之间，周末以及假期）似乎没有觉得那么凄凉得可怕了。在这节咨询以后的一段时间里，K先生发现有时候他可以持续几个小时不再有胸口沉闷的感觉，那种感觉在他妻子去世后曾一直伴随着他。

虽然对弗洛伊德来说，抑郁者对丧失/被抛弃的客体的潜意识认同是"临床现象的关键"（p.248），但是他相信建构抑郁理论的关键是要圆满地解释一个重要的矛盾：

一方面，必须存在一个对爱的客体的强有力的固着（强烈但静止的情感联结）；另一方面，与此矛盾的是，客体贯注几乎没有任何的力量（在面对真实的或害怕来临的死亡时，或出于失望而导致客体丧失时，无力去维持与客体的联结）。

（p.249）

在弗洛伊德看来，构建抑郁的精神分析理论的关键是要解释一个矛盾：对客体强有力的固着和缺乏韧性的客体联结这二者的同时存在，而解释这个矛盾的关键在于"自恋"这个概念："这个矛盾似乎暗示着在客体选择时已经受到自恋的影响，所以当客体贯注受阻时，可以退回到自恋中"（p.249）。

在《哀伤与抑郁》发表的几个月之前，弗洛伊德在《论自恋：一篇导论》（1914b）中提出了他的自恋理论，这为他在《哀伤与抑郁》中发展的关于抑郁者的客体关系理论提供了一个重要的理论背景。在《论自恋：一篇导论》一书中，弗洛伊德提出正常婴儿一出生就处于一种"原始的"或"初级的"自恋状态，在这种状态下所有的情绪能量都是"自我"力比多，这是一种以"自我"（自己）为唯一客体的情感投资形式。婴儿用自恋认同的方式——一种把外部世界看作自身的延伸的客体联结方式——向外部世界迈出了一步。

从自恋认同这个中间位置出发，健康的婴儿会在适当的时候发展出足够的心理稳定性，来进入一种自恋式的客体联结，这种与客体的联结主要是由从自我移置到客体的自我力比多组成（Freud，1914b）。

> 因此我们可以这样认为：首先有一个对自我的原始力比多贯注，后来一部分（对自我的情感投资）转给了客体，但是（对自我的情感投资）……从根本上来说仍然存在并与（自恋的）客体贯注相连，就像变形虫的身体与它伸出的伪足之间的联系一样。
>
> （ibid.，p.75）

换句话说，在自恋的客体联结中投给客体的情感能量最初是指向自身的（而且，从这个意义上说，客体是自我的一个替代品）。就婴儿能够认识到客体是自己以外的他者的程度而言，从自恋认同到发展出自恋性客体联结，发生了细微但却意义重大的变化。

从此，健康的婴儿能够逐渐实现自我力比多和客体力比多的分化。在这个分化的过程中，他渐渐开始形成一种对客体的爱，这种爱不是简单地把对自己的爱移置到客体身上。相反，一种更成熟的对客体的爱形成了,在这种爱里,他获得了与在他的体验中属于自身之外(婴儿的全能王国之外)的客体的联系。

　　对弗洛伊德而言,这就是解答抑郁症的理论困境——"矛盾心理"——的关键:抑郁是一种关于自恋的疾病。罹患抑郁的"先决条件"(p.249)是早期自恋发展失常。抑郁病人在婴儿期和儿童期无法顺利地从自恋过渡到客体爱恋。因此,在面对客体丧失或对客体失望时,抑郁者无法进行哀悼,即无法面对客体丧失的事实,也无法随着时间的推移与另一个客体进入成熟的客体爱恋关系。抑郁者没有能力摆脱已经丧失的客体,为了逃避丧失的痛苦,他从自恋的客体联系退回自恋认同状态:"这样做的结果是,尽管和所爱的人会有冲突(失望造成暴怒),但是不用放弃爱的关系"(p.249)。就像弗洛伊德在文章最后总结的一样:"所以通过遁入自我(借助于强大的自恋认同),爱似乎永不止熄(p.247)。"

　　在我看来,对《哀伤与抑郁》的误解,和对弗洛伊德抑郁理论的误解一样,都已经根深蒂固(e.g.,see Gay,1988,pp.372-373)。我这里说的误解,是认为弗洛伊德所说的抑郁涉及抑郁者丧失了一个他对其怀有又爱又恨的矛盾心理的客体,而他认同了其中恨的那一面。这样的解读虽然看上去正确,但是错失了文章的核心思想。抑郁者与哀伤者不同的是,抑郁者只能有自恋形式的客体联系。抑郁者自恋的人格特质使他无法与不可挽回的客体丧失造成的痛苦现实维持一个稳定的联结,而这样的联结是哀伤必不可缺的。为了回避承认自己对客体丧失是无能为力的这样一个认知,抑郁者有现成的、反射性的办法:退回到自恋认同。

至此，弗洛伊德在写作本文的过程中逐渐形成的客体关系理论，有了一个早期发展时间轴。弗洛伊德把潜意识内部客体关系世界看作一个防御性退行，通过退行到极早期的客体联结关系来应对心理痛苦——在抑郁的情况下，这里的心里痛苦指的是丧失的痛苦。个体本来或许已经发展出了与一个活生生的并且不时会令人失望的凡人之间的三维关系，现在却代之以与内部客体的二维的(好比影子一样的)关系，这种二维的关系存在于精神世界而且不受时间的限制(通过这个方式可以回避死亡的现实)。这样，抑郁者就避免了丧失的痛苦，也避免了其他形式的心理痛苦，但他却付出了巨大的代价——失去了很多的(情感)生命力。

一部分潜意识的自我追捕另一部分

弗洛伊德假设抑郁者用潜意识内部客体关系代替了外部客体关系，并把这个假设和防御性退行到自恋认同的概念相结合，接着他转向抑郁的第三个特征，我们在后文将会谈到，这个特征为他的潜意识内部客体关系理论的另一个重要特征提供了基础。

引发病人罹患抑郁的因素，在很多时候不限于由死亡导致的丧失，还包括令他感到被轻视、被忽略或失望等的事件，这些事件都会把爱与恨这两种对立的情感导入关系中，或者强化一个已经存在的矛盾情感。……抑郁的性欲贯注(对客体的性欲情感投资)……因此经历了双重变迁：部分退行到(自恋)认同，但另一部分，在由矛盾情感引发的内心冲突的影响下,退回到施虐阶段。

(pp.251–252)

施虐是客体联结的一种形式,在这种联结中,恨(抑郁者对客体的暴怒)和性爱紧密纠缠,而这个联结比单纯的爱的联结有着更强有力(以令人窒息的、使人屈服的或残暴的方式)的束缚。抑郁中蕴含的施虐——产生于为了应对爱的客体的丧失或令人失望——引发了一种同时针对主体和客体的形式特别的折磨:这种爱、恨纠缠的特殊的混合结果是一种追捕。从这个意义上来讲,在批评性的代理机构与从自我中分裂出来和客体认同的部分之间形成的关系中的施虐成分,可以看作分裂出来的一部分自我疯狂而又无情地追捕着另一部分自我——后来费尔贝恩把这构想为力比多自我和兴奋性客体之间的爱/恨联结(详见第四章)。

爱恨交织产生巨大约束力这一概念,是精神分析理解顽固病理性内部客体关系的重要部分。这种对坏的(感觉被其所恨并恨着他/她的)内部客体的忠诚,常常是病人人格组织中病理结构顽固性的根源,也是让我们在分析工作中陷入移情-反移情的僵局的根源。此外,爱恨交织的联结也导致了其他一些病态的关系模式,比如受虐儿童或受虐的配偶与施虐者之间(以及施虐者与受虐者之间)极其残忍的关系。对施、受虐双方而言,虐待被潜意识地体验为爱着的恨或可恨的爱——无论哪一种都比没有任何客体关系要好得多(Fairbairn,1944)。

躁狂和抑郁中的精神病性部分

套用弗洛伊德最喜欢用的比喻之一——分析师就好像是侦探,当他说"抑郁的最显著特征……是它有转向躁狂的倾向——与抑郁的症状相反的状态"(p.258)时,在作品中创造了一种探险和充满悬念的感觉。弗洛伊德在讨论躁狂时所使用的语言(和他呈现的思想密不可分)让读者能感受到哀伤与抑郁,健康的(内部和外部的)客体关系与病态的客体关系之间的根本性不同。

我无法保证这样的尝试(解释躁狂)会完全令人满意。或许我只能做一些最基础的工作。我们可以从两个方面来解释:第一是精神分析的看法,第二是一般经济学经验。(精神分析的)看法……是……这两种精神障碍(躁狂和抑郁)都是在和同一个(潜意识的)"情结"搏斗,差别或许在于,抑郁时自我屈从于那个情结(呈现为一种被碾碎的痛苦体验),而在躁狂时感觉可以掌控它(丧失的痛苦),或者把它丢在一边。

(pp.253–254)

"我们可以从两方面来解释"的第二个方面是"一般经济学经验",在尝试解释躁狂时热情洋溢和大获全胜的感觉时,弗洛伊德假定,躁狂的经济学模式——在心理能量的数量分布和使用上——可能和下列这些现象类似:

　　某个穷困潦倒的人赢了一大笔钱,突然间不必像以前那样长年为生计所困,或者是某人经过长期而艰苦的奋斗终于取得了成功,又或者是某人突然间发现不费吹灰之力就翻身了,以前那种一直被压迫的不公平状态消失了,诸如此类。

（p.254）

　　从"经济学条件"的角度,用赢了一大笔钱的穷人这样的俏皮话作为开头,上面的句子中接连用几个意象(和文章中的其他意象均不相同)来刻画躁狂时的感觉。在我看来,这些戏剧性的描写暗示了弗洛伊德自己的梦想:能"经过长期而艰苦的奋斗最终获得成功"或者能"不费吹灰之力摆脱压迫",这样他就能大量地出书立著,为自己和精神分析赢得应有的地位。然而就像躁狂时不断膨胀的泡沫最终会破灭一样,在接下来的句子中,成功的意象带来的驱力似乎也迅速崩塌:

　　这个(关于躁狂或者其他的突然从痛苦中解脱的现象的)解释貌似合理,但是首先它看上去充满不确定性,其次引出了更多我们还无法解答的新的问题和困惑。不过,即便不知道讨论这些新问题和新困惑是否会让我们理解得更清楚,但我们不会回避这些讨论。

（p.255）

　　不论他本人是否认识到,弗洛伊德在此不仅仅是在提醒读者他对躁狂及其与抑郁关系的理解上的不确定性,他也在通过自己运用语言的方式以及思考和写作的架构方式，向读者展示如何真实地思考和写作（而不是试图混入作者的自我欺骗的全能愿望），如何用文字来简洁精准地描述那些想法和情景。

比昂的作品能帮助我们更全面地理解弗洛伊德所说的不"回避"（那些由他的假设引出的新的问题和困惑）的意义。比昂（1962a）用回避这个概念来指代他认为是精神病状态的标志性特征：逃避痛苦，而不是尝试将痛苦象征化（例如，通过做梦），与之共存，并随着时间的推移与痛苦进行真正的心理工作。后一种对痛苦的反应——与之共存，象征化，与痛苦进行真正的心理工作——是哀伤体验的核心。相反，躁狂病人"感觉可以掌控它（丧失的痛苦），或者把它丢在一边"（Freud, 1917a, p.244），将可能感觉到的可怕的失望、孤独和无力的暴怒转化成了类似"快乐、狂喜或胜利"的状态（ibid., p.254）。

弗洛伊德虽然没有确认（可能他并没有意识到），但我相信他在此开始讨论躁狂和抑郁中的精神病性部分。躁狂和抑郁的精神病性部分都包含对悲伤以及很大一部分外部现实的回避。这是"自我"的多重分裂以及用想象出来的永久的内部客体关系全能地替代了丧失的真实外部客体关系这二者合力的结果。更宽泛地来讲，一个幻想出来的全能的内部客体世界替代了真实的外部世界，全能感替代了无助感，永恒替代了时间的流逝和死亡，胜利替代了绝望，轻蔑替代了爱。

这样，弗洛伊德（或明示或暗指，或者部分不自觉地）通过讨论躁狂，在他不断发展的客体关系理论中加入了另一个重要元素。通过弗洛伊德的语言（例如，在他指出躁狂病人洋洋得意地把痛苦置之不理，或因在想象中战胜了丧失的客体而兴高采烈时），读者可以看到，他认为躁狂病人的潜意识内部客体世界是为了回避和"逃离"（p.257）外部现实中的丧失或死亡而建立的。这种从外部现实逃离的行为，会使病人切断与外部客体的联系，陷入全能的想象空间。外部客体关系因为与个体的潜意识内部客体世界脱离而变得枯竭。病人对外部客体世界的体验与他潜意识内部客体世界跳动的热情之"火"脱离（Loewald, 1978, p.189）。而另一方面，潜意识内部客体世界也因为被切断了与外部客体世界的联系而无法成长，无法"从经验中学习"（Bion, 1962a），无法在"梦的领域"（以不是非常受限的方式）进入潜意识与前意识之间富有创造性的"对话"（Ogden, 2001）。

想继续活着的愿望和想与死者永不分离的愿望

在文章的结尾部分，弗洛伊德就与哀伤和抑郁相关的多个主题提出了一系列的思想。在这些思想中，我相信，他对于矛盾情感这一概念的扩展，无论对理解抑郁的概念还是发展他的客体关系理论，都是至关重要的。从1900年起，弗洛伊德就多次讨论过把矛盾情感理解为潜意识中爱与恨的冲突，在这个冲突中个体在潜意识中爱着他恨的那个人，例如，健康的俄狄浦斯体验中的痛苦的矛盾心理，或是在强迫性神经症的体验中令人麻木的、折磨人的矛盾情感。但是在《哀伤与抑郁》中，弗洛伊德所用的矛盾情感这一术语，表达的意思与前面提到的情况有着显著

的不同:这里他指的是想要与生者一起活着的愿望和与死者永不分离的愿望之间的挣扎:

> 恨与爱(在抑郁中)互相竞争,一个想要让力比多从客体撤离(从而允许客体死去而主体继续活着),另一个想要让力比多保持原来的状态(与永存的内部客体绑定)。

(p.256)

因此,抑郁者会体验到这样的冲突:一方面想要活在不可逆转的丧失及死亡的现实带来的痛苦中,而另一方面又想让自己对于丧失的痛苦和死亡这件事变得麻木。而能够哀伤的人则成功地让自己从困住抑郁者的这种生与死的搏斗中挣脱出来:"哀伤促使自我通过宣布客体死亡的方式放弃客体,并赋予自我继续生活的动力"(p.257)。所以,哀伤者能在痛苦中接受客体死亡这一现实的部分原因在于:他知道(潜意识地,有时是有意识地)他自己的生活,他自己"继续活着"的能力已经岌岌可危。

我想起一位病人,她来找我做分析的时候她丈夫已经去世近20年了。

G女士告诉我,丈夫去世后不久,她有一次独自在一个湖畔度周末。她和丈夫在那里租了个小屋,在他去世前的15年里,他们每年都去那里。那次她单独一人租了个汽艇,驶向那个曾和丈夫一起多次到访过的迷宫般的小岛和蜿蜒的水路。G女士说那时她确信丈夫就在那条水路中,而她如果进入了那部分水域就再也出不来了,因为她无法把自己从他身边拉回来。她告诉我,那时候她真的是竭尽全力才让自己没有随他而去。

不随丈夫一起死去这一决定在此后的分析中成了一个重要的象征,即她选择生活在一个充满了悲痛和关于丈夫的鲜活记忆的世界。随着分析的进行,湖边发生的事开始有了一些不同的象征:在丈夫死后,她并未能完全将自己从他身边拉回。在移情与反移情中,我们能越来越清晰地看到,在某个重要的层面,一部分的她已经随着丈夫一起死去了,也就是说,她的某一方面已经麻木了,直到分析进行到这个节点之前,她一直觉得这"没什么问题"。

在此后一年的分析中,G女士体验到了巨大的丧失感——不仅失去了丈夫,也失去了自己的生活。她第一次直面自己的痛苦和悲伤,认识到自己几十年来无意识地限制了自己的聪明才智和艺术天分,以及充分地活在自己的日常生活体验(包括分析)中的能力(我并不觉得G女士处在躁狂状态,她甚至没有很倚重于躁狂防御,但是我相信她和躁狂病人有着共同的矛盾心理:一方面希望自己与生者——包括内心的和现实中的——为伍,但另一方面又希望与死者共存于无限的死亡和麻木的内部客体世界中)。

回到弗洛伊德关于躁狂的讨论上来,他认为躁狂病人正进行着"矛盾情感间的相互斗争(试图通过孤注一掷的潜意识努力让自己振作起来)……用贬低、诋毁甚至像是正在消灭客体的方式来松动对(内部)客体的力比多固着[1]"(p.257)。这句话很出人意料:躁狂不仅意味着病人用贬低和诋毁客体的方式逃避丧失的悲伤,也代表着病人试图(通常是不成功的)通过摆脱潜意识内部关系中与丧失客体的相互束缚来进入悲伤。要想能够为丧失的客体感到悲伤,先要"杀死"它,就是说要先通过心理工作,允许客体无论在自己心理上还是在外部世界中都已经无可挽回地死去。

　　通过引入矛盾心理——继续活着的愿望和为了和死者在一起而想随死者而去的愿望之间的斗争——的概念,弗洛伊德为他的客体关系理论增加了一个关键性的维度:潜意识内部客体关系的性质,或者是活着并让人变得有活力,或者是死的并让人失去生机(以及这二者各种可能的混合)。以这种建构潜意识内部客体世界的方式为核心,已经发展出了一系列精神分析理论,温尼科特(1971a)和格林(1983)是这些理论的先驱。发展这些理论的作者都着重强调了分析师与病人对病人内部客体世界中生与死的体验的重要性。在我心里,移情与反移情中感觉到的生与死,也许是在每个时刻衡量当下分析进展状况的唯一重要的标准(Ogden,1995,1997)。如果我们知道如何去倾听,就会发现许多当今的

1　在弗洛伊德的这部分关于躁狂的评论中,读者可以听到梅兰妮·克莱因(1935,1940)的声音。克莱因的著名的关于躁狂和躁狂防御的三大临床特征——控制、贬低和胜利感——都可以在弗洛伊德关于躁狂的构想中找到雏形。客体将永远不会丧失或消失,因为在潜意识幻想中它已经被置于自己的全能的控制之下,所以没有丧失的危险;即使客体丧失了也没关系,因为被贬低的客体已变得"毫无价值"(p.257),所以没有它更好;再者,"没有客体"的状态是一种"胜利"(p.254),一个"享受"(p.257)从背负的沉重枷锁中获得解放的胜利时刻。

精神分析的思想——而且我猜想，还包括尚待发现的精神分析的思想——都能在弗洛伊德的《哀伤与抑郁》中找到踪迹。

弗洛伊德的思索在这里戛然而止，用真诚谦逊的声音结束了这篇文章：

但是，再一次地，我觉得最好是在这里停下来，暂时不要试图对躁狂做出进一步解释……正如大家所了解的，心理问题错综复杂而又相互依存，使得我们有时不得不在这个问题上暂停一下——等到对其他相关问题的探索有了进一步的结果再继续。

（p.259）

还有比这更好的方式来结束这篇关于面对现实的痛苦和尝试逃避痛苦的后果的文章吗？如果一位精神分析理论家不能牢牢扎根于与患者的现实体验，那他就会变得像自我囚禁的抑郁者一样，生活在一个无尽而永存的（但却是麻木和死气沉沉的）内部客体世界中。

结　论

通过阅读弗洛伊德的《哀伤与抑郁》，我不仅研究了他提出的观点，还研究了与此同样重要的，在这篇作为分水岭的文章里的思考/写作方法。我试着展现弗洛伊德是如何通过对哀伤与抑郁的潜意识运作的探索，来提出一个修正后的心理模型（即后来所说的客体关系理论）的，并探讨它的一些主要原则。在这篇1917年的文章里提出的关于这个新模型的主要原则包括：(1)潜意识在很大程度上是围绕着配对的分裂"自我"部分之间的稳定的内部客体关系而组织起来的；(2)用潜意识幻想中的内部客体关系代替外部客体关系，有可能可以防御心理的痛苦；(3)病态的爱恨交织是内部客体相互束缚的最强有力的纽带；(4)内部客体关系出现心理病变常常涉及一定程度的全能思维的使用，因为它切断了内部客体世界与外部真实世界体验间的交流；(5)潜意识内部客体间所涉及的矛盾情感不仅限于爱与恨之间的冲突，也包括想要在客体关系中活着的愿望与想要与死去的内部客体永不分离的愿望之间的冲突。

第三章　阅读苏珊·艾萨克斯：
对思考理论的根本性修正

在1941—1945年英国精神分析协会举行的辩论式大讨论上[1]，苏珊·艾萨克斯被克莱因选中做开幕报告。在今天看来，艾萨克斯的这篇文章不只是精神分析理论发展历史上的一个里程碑，它也是当代精神分析理论的一个重要组成部分。艾萨克斯的文章《论幻想的本质与功能》(在研讨会前已发表，并于1943年1月27日提交给英国精神分析学会)既是一篇"科学的"精神分析论文(文章提出了原创性的观点，并佐以支持其观点的论据)，也具有政治立场——当时克莱因由于与弗洛伊德的观点大相径庭而被质疑已经不能被称为精神分析了，艾萨克斯的文章试图证明克莱因是弗洛伊德的忠实信徒，而非"异端分子"(Steiner，1991，p.248)。

1　辩论式大讨论，指的是1941—1945年，在安娜·弗洛伊德、梅兰妮·克莱因、她们各自的追随者及英国精神分析学会本土会员间的漫长讨论，讨论的目的在于决定克莱因及其追随者提出的儿童精神分析是否与以安娜·弗洛伊德为代表的经典派理解的精神分析相一致。论战的结果是英国精神分析学会形成三足鼎立，即弗洛伊德派、克莱因派和独立派。——译者注

我在本章中的讨论,是基于发表于《精神分析的发展》(1952)一书中的版本,这是一本由克莱因及其"核心集团"成员艾萨克斯、海曼和里维埃尔撰写并编辑的论文集。这篇论文最初的版本(Isaacs,1943a)比1952年版更精简且结构颇为不同,但在有些地方却更为鲜明有力地表达了作者的观点,当更早的版本能阐述某些在后一版本中加以发展的观点时,我将引用那些段落。

艾萨克斯的重要贡献在于她对幻想的运作提出的开创性构想,并且在她的作品中做了清晰而系统的表述。而我发现,艾萨克斯的作品之所以对20世纪至21世纪的精神分析至关重要,很大程度上在于她的论文中隐含的内容。具体地说,我觉得艾萨克斯好像并没有充分地意识到,她的论文不仅仅讨论了幻想内容的性质和功能,也讨论了幻想过程的性质和功能,也就是说,本质上这是一篇关于思考过程,而不是关于思考结果的文章。在我接下来的讨论里,我会根据她对精神分析的思维方式的贡献,试着扩展她文章中涉及的观点。

我认为艾萨克斯关于幻想在内部世界中所起的作用的构想,对于修正精神分析理论中处于核心地位的关于心理运作的隐喻,有着极其深远的意义——她用由幻想中的内部客体关系构成内心世界这样一种心理模型取代了弗洛伊德提出的心理结构模型。我甚至认为她预见到了比昂(Bion,1962a、1962b)的思考理论的一些方面。在本章中,我会试着明确地阐述艾萨克斯对精神分析理论所做的修正是多么彻底,同时,试着说出艾萨克斯已经发现的,但她自己并未意识到自己已经发现的那部分内容。对任何学科而言,一篇文章能够永久留传的原因不仅在于它就当下的理解做出了的原创性陈述,也在于它在未来也会是回忆录的一部分。而艾萨克斯的这篇文章，在我心里就具有这样的特质。

艾萨克斯的目标和方法

艾萨克斯（1952）在文章开头指出，她"最关注的是如何定义'幻想'"（p.67），而且她"主要关注的不是幻想的任何特定内容"（p.68），她想要定义的是"普遍意义上的幻想的本质和功能，以及它在心理生活中的地位"（p.68）。当她试图证明"幻想活动（产生）于生命之初"（p.69），她意识到这"并不必然意味着她接受在某一特定年龄可以有某种特定的幻想内容的观点"（p.69）。因此，艾萨克斯没有去争论婴儿到底在想什么或者某种特定的幻想首次出现是在什么时候，而是聚焦在"幻想行为"，这个行为，在我看来或许以动词而非名词的形式表达更为合适。

提出婴儿的潜意识幻想活动这个概念的难点在于，婴儿无法告诉我们他到底在思考什么、他的感觉是什么、他在想象着什么。"我们关于早年的（潜意识）幻想的观点几乎都是推断出来的，但事实上对于任何的年龄段来说，都是推断出来的（p.69）。"从定义上来讲，任何我们所知道的关于潜意识的理解都是通过推理得出的。因此，进行推断时所使用方法在逻辑上的严谨性就变得至关重要。

艾萨克斯的推理建立在她提出的以下三个原则的基础上：（1）"必须注意婴儿行为的确切的细节"（p.70）；（2）"考虑和记录观测数据的背景……即与被研究行为直接有关的社会处境或情感处境"（p.71），例如，与婴儿互动的外部现实世界；(3)"遗传连续性"原则(p.74)。

第三个原则在艾萨克斯的观点里有着至关重要的地位。她证明儿童的生理功能和心理功能（如学习讲话和学习走路）的发展可以追溯到最早的婴儿时期。语言能力的发展始于婴儿最早发出的声音（如感到饥饿时或被喂养时发出的声音），伴随着持续的成长与"危机"(p.74)而发展（如孩子能够说出第一个字）。

艾萨克斯认为婴儿在出生的头几天就开始产生潜意识幻想，遗传连续性原则对这一论点而言极为关键。

> 遗传连续性原则的确立为我们的知识体系带来了一个实用性的工具。它告诉我们没有任何一个特定的行为或心理过程是自成一体的、预先完成的或是突然发生的，相反它们都应该被看作系列发展过程中的一环。我们通过更早期、更原始的阶段设法追溯到它最初的萌芽状态……
>
> （p.75）

这里，艾萨克斯引用遗传连续性原则为自己的方法提供支持，即用已有的材料——例如婴儿长大后在分析或象征性游戏中获得的资料——推断出生命早期的潜意识幻想的本质。而她的论点中的一个弱点在于，尽管她认识到在生理和心理发展过程中存在着连续性与间断性之间的持续张力，但她着重强调了发展过程中的连续性，却忽略了每个物种在形态进化中的量子跃迁现象，例如蝴蝶幼虫在器官发育前未分化的细胞团会组成"成虫盘"。"它们按新的方式让器官飞速生长，新的器官从成虫盘中长出来"(Karp and Berrill,1981,p.692)。这样一来,成熟态的蝴蝶在形态与生理上与幼虫是不连续的,但却与幼虫在DNA上保持了一致性。

同样,斯皮茨(Spitz,1965)指出,在婴儿的发展过程中不仅有着发展的连续性,也有着由于心理重组而出现的量子跃迁现象,例如:约三个月时出现的微笑反应,约七个月时出现的分离焦虑,约14个月时出现的确认/否认反应,这些仿佛都是一夜之间突然出现的现象。以微笑反应为例,毋庸置疑,此时婴儿在心理上有了巨大的跃变,有了前所未有的体验形式、思维能力、沟通方式以及客体关系的形式。这样的变化不是渐进式的发展,而是明显的非连续性发展,这导致通过"追溯"(Isaacs,1952,p.77)来推理早期的心理能力和状态变得不可能。换句话说,我们无法通过观察婴儿的微笑反应来推断在更早期的心理生活中婴儿的心理组织和心智过程的特征。

我现在来谈谈艾萨克斯方法论的另一个方面。尽管她承认婴儿的心理状态是对外部现实事件的反应,但受限于当时的主流观点,她赖以推断出婴儿早期潜意识幻想的性质的方法中蕴含的观点是:婴儿的心理生活是"在婴儿内部"运作的。在她对自己所用方法的声明中,艾萨克斯(1952)强调,推断婴儿的内心世界和心理过程时,观察"确切的细节"(p.70)和"生存环境"(p.71)都非常重要。在婴儿的生活里,主要的"生存环境"就是母亲的照料,而艾萨克斯却一直把这作为婴儿会做出反应的一个事件,而不是作为母亲积极参与创造婴儿内心世界时的一种体验。

艾萨克斯逝于1948年(享年63岁),那时还没有人发展出把母婴视作一个心理单元的概念(将母亲和婴儿作为独立个体相对立)的理念,温尼科特(Winnicott, 1960)是这样描述这个观点的:"不存在(离开母亲供养的)婴儿这样一种个体"(p.39 fn),但与此同时母亲和婴儿又是独立的个体。比昂(Bion, 1959)和罗森菲尔德(Rosenfeld, 1965)用投射性认同来建立他们对母婴关系的理解,即把投射性认同看作在婴儿出生后就开始的母亲和婴儿一起思考(同时又保持各自的独立)的潜意识的心理人际过程。艾萨克斯对婴儿幻想的理解几乎完全是建立在这个基础上的:婴儿的心理是一个独立的,但能够对母亲的心理做出响应的系统。而比昂、罗森菲尔德和温尼科特以及受他们影响的其他分析师修订了这个构想,认为婴儿的心理发展不仅取决于个体成熟度的进步,也取决于母亲积极参与婴儿内心世界的创造的心理生活。从这个角度看,婴儿最早的潜意识幻想反映了婴儿原始的心理状态、母亲成熟的心理状态以及两者间的相互作用。所以,当艾萨克斯(1952)把关注确切的细节和生存环境作为观察婴儿的第二个原则的时候,她没有考虑到,"母亲作为生存环境"不仅指母亲给婴儿提供了一个外围环境,而且也意味着母亲作为婴儿心理构建(在隐喻意义上的内部)的一部分共同参与了婴儿心理的运作。

幻想作为一种潜意识思考行为

接着,艾萨克斯(1952)把关注焦点转向了潜意识幻想,她对这一概念的构想进行了大幅度的扩展。我之所以把这称为艾萨克斯的构想,而不是克莱因的，是因为我认为从很多方面而言，艾萨克斯是比克莱因更优秀的精神分析理论家。例如，克莱因（1946，1955）在为她的核心概念比如投射性认同下定义时，从未做到如艾萨克斯在定义幻想的概念时那般清晰明确。里维埃尔（1952）不同意关于幻想的理解是艾萨克斯的原创，认为这种对幻想的理论构想在克莱因的作品中是被视为理所当然的（p.16，fn 1）。我认为这个说法是有道理的。但是，将一个观点视为理所当然，和对这个观点进行周密而系统的阐述、提供证据，并阐明这个论点对精神分析理论的其他方面的影响，是有着显著差别的，而后面这一切正是艾萨克斯在她的文章里所做的工作。

　　为了说得更明确，我将从几个方面分别讨论艾萨克斯做出的贡献里的独创性和突破性。但是这些"方面"又是整体不可分割的一部分。弗洛伊德所说的"'心理机制'——让冲动和情感得以控制和表达"（Isaacs，1952，p.78），在艾萨克斯看来是"一种特有的幻想"（p.78）。这种对幻想（确切地讲是幻想行为）在潜意识心理中的作用的理解，是精神分析理论发展的一个转折点。艾萨克斯把所有的"心理过程"和"心理机制"都视作潜意识幻想的形式。换句话说，"心理过程"和"心理机制"不是像血糖变化时胰腺就会分泌胰岛素一样，相反地，各种"心理机制"——如安娜·弗洛伊德（Anna Freud，1936）描述的防御机制——都被视作个体的心理创造：对每个个体而言都是独一无二的"特有的幻想"。

　　在我看来，从艾萨克斯所说的"特有的幻想"就可以看出她出色的洞察力和文章中未完成的理论。艾萨克斯把心理机制和过程看作个人特有的（潜意识）幻想，使得精神分析从"弗洛伊德–克莱因时代"过渡到了"温尼科特–比昂时代"（Ogden，2010）。在"弗洛伊德–克莱因时代"，精神分析的重点是了解我们思考的内容(例如通过梦、游戏和被分析者的联想等象征内容所反映的潜意识)。在"温尼科特-比昂时代",精神分析的重点在于了解我们思考的方式,例如通过做梦、做游戏、进行想象以及不能思考的精神病状态等所反映的思考和不能思考的方式(显然,后一个"时代"强调的重点并不是要取代前一个,而是对前一个的补充)。虽然艾萨克斯并未完全意识到(也许根本没有意识到)她的作品在这方面的意义,但我认为这个过渡性作用是她的文章最重要的意义。艾萨克斯(Isaacs,1952)用语言反映了她在这两个精神分析的"时代"的过渡作用。她把幻想作为名词使用要远比她用幻想活动频繁(而她很少使用幻想行为这一动词形式),这反映了她和前一个时代的联结;而另一方面,她反复使用的幻想活动,反映了她对幻想这一术语的扩展——不仅包括心理内容,也包括了心理活动(思考)。

把心理过程和心理机制重新定义为潜意识的幻想活动后,艾萨克斯把重点放在对儿童和成人临床分析中的关键方面:"移情状态"(Isaacs,1952,p.78),由此对幻想的概念进行了第二次扩展。"病人与分析师的关系模式几乎完全属于潜意识幻想……'移情'是了解病人心中所想以及发现和重建他早期经历的主要工具"(p.79)。这里,艾萨克斯认为:移情是一种幻想,一种构建在早期经历之上的潜意识心理。我相信这个观点是我们当前对移情进行理解的基础:如果移情是幻想行为,而幻想行为是潜意识的思考,那么移情就不仅仅是对起源于婴幼儿期的内部客体关系的象征性表达,在我的理解里,移情也是一种思考方式,在这种方式里,病人第一次可以去思考(通过与分析师的联系)发生在过去的情绪状态。从这个角度讲,移情在这里本质上是一个动词,而不是名词，它包含了病人与分析师一起为了思考曾经无法想象的令人不安的经历所做的努力。

在用对移情的理解来解读艾萨克斯的文章时，我受到了温尼科特观点的影响。我这里借鉴的是温尼科特（1974）的"崩溃的恐惧"这一概念——恐惧在早年生活中（通常在婴儿期或儿童期）发生过的心理崩溃。在心理崩溃发生时，个体在心理上并不能（即便在父母的帮助下）"抓住什么"（Winnicott，1974，p.91），不能领会到底发生了什么。已经发生的崩溃从那时起变为一种持续存在的即将发生心理崩溃的感觉："除非自我能把原初的痛苦体验纳入当下的体验，否则这些痛苦体验不可能成为过去"（Winnicott，1974，p.91）。在分析过程中，病人可能（在分析关系足够安全的情况下）第一次体验到生命更早期的情感体验，而这些情感在当时对病人来说因为太过困扰而无法体验。从这个角度讲，移情活动并非重现婴幼儿时期的体验，而恰恰与重复早期经验相反——它是对发生在婴幼儿期，但当时无法体验的情绪事件的第一次体验（在咨访关系中，和分析师一起）。因此，无论在这里还是本章的其他部分，我发现对温尼科特理论的了解能帮助我更好地解读艾萨克斯，反之亦然。

幻想作为一种潜意识心理现实

行文至此，艾萨克斯已经把幻想这个术语的含义（在很大程度上以隐含的方式）进行了扩展，即幻想同时包括了潜意识的心理内容和潜意识的思考行为。但这仅仅是艾萨克斯对幻想的含义扩展的一个方面。
她接着说,克莱因(和弗洛伊德)用幻想这个词语代指的是潜意识心理活
动(斯特雷奇在翻译成英文时用 ph 拼写 phantasy 来对此加以强调)。潜
意识体验的现实性作为一种心理现实自身具有客观性(Isaacs,1952,
p.81)。换句话说,心理"现实"(潜意识幻想的现实性)不见得比外部现
实不真实。对于克莱因派所强调的潜意识幻想的现实性,这里艾萨克斯
做出了一个极其明确的解释——潜意识幻想"不'仅仅是'或者'只是'与
实际存在相对应的、不真实的想象"(p.81)。

　　在我看来,把幻想看作潜意识心理现实这一观点,带来了对幻想和
潜意识的全新理解。艾萨克斯通过阐述弗洛伊德关于潜意识的观点,提
出了她对幻想和潜意识心理现实的观点:潜意识是一个"内部心灵世界,
它有着自己独有的处于持续存在和变化中的现实性,具有自己的动力法
则和特征,这种现实性和特征是不同于外部世界的"(Isaacs,1952,
p.81)。我认为,艾萨克斯这样描述弗洛伊德的潜意识概念,超越了仅仅
把幻想看作潜意识心理内容和潜意识思考行为,而赋予了"幻想"更深一
层的含义。在我看来,从(经由艾萨克斯解读的)弗洛伊德的潜意识概念
出发,发展出这样一种观点:潜意识心理特有的现实的某种品质被命名
为幻想。我的意思是说,幻想可能被认为是一种思考方式,它带着属于
自己特有品质的某种现实性,这种现实在我们的体验中不同于外部现实
(心灵之外的现实,而非被我们创造出来的现实)。如果没有对幻想的潜
意识心理现实的体验,外部现实的体验(意识的心理现实)也将不再作
为一种体验而存在。换句话说,如果没有对幻想活动的潜意识现实体
验,外部现实体验的真实性也将无法存在。幻想的潜意识心理现实是生

命全部真实体验的一个维度。再换一种说法，幻想的潜意识心理现实是"看不见"却鲜活地存在着的，梦由此而产生，又"消失"在其中。从这个角度看，"心理现实"是有着双重特质的单一体验实体，一个特质涉及有意识的觉察，而另一个则没有，这两个特质都不能单独存在：二者是同一体验的两个特质。

幻想、象征意义与潜意识自我反思

在1943年版的论文中，艾萨克斯认可并引用了里维埃尔对幻想的定义，即幻想是"对经验的主观解释"（Isaacs，1943a，p.41）。这个关于幻想的定义对理解潜意识心理有着深刻的意义。如果说幻想行为（潜意识思考行为）是对内部和外部客体世界的"经验的主观解释"，那么幻想行为必然涉及两个方面：自我中进行觉察的部分和对自身经验进行解释（能够赋予象征意义）的部分。为经验赋予象征意义与单纯对经验做出（恐惧的或大胆的）回应截然不同。例如，动物学家已经证明，刚出生几天且从未见过其他物种的小鸡，能够分辨出食肉类飞禽与非食肉类飞禽的翅膀图案。当它们看到真实的或模拟的食肉类飞禽翅膀图案时，会迅速躲避起来（Lorenz，1937；Tinbergen，1957）。这里存在着对于"一个信号"的出于本能的识别和反应：看见一个翅膀的图案就等于存在一个食肉类飞禽。这种对信号的反应与对象征符号做出解释并赋予其个人化的意义（如，对看到的在街角等着过马路的小孩赋予带有个人特色的含义)是两种截然不同的思考形式。对艾萨克斯(和里维埃尔)而言,幻想行为是一种解释性行为,涉及一个解释性主体,在个人感知(如看到街角的孩子或是梦见这样的画面)和基于感知创造出的(潜意识)象征意义(幻想)之间居中调停。

艾萨克斯非常清楚幻想和意义密不可分。幻想是创造意义的过程,也是意义在潜意识心理中的存在形式:

> 和物理过程相比,心理过程的特殊性在于它们具有意义。物理过程是存在但没有意义的……"幻想"这个词语一直在提醒我们,潜意识心理生活的这种独有的特征。

> (Isaacs,1943a,p.272)

提出了潜意识幻想包含着对个人经验的解释这一观点后,艾萨克斯接着详细地描述了她关于婴儿如何在心理上处理经验的设想。

> 饥饿的、渴望的或痛苦的婴儿会在他的口腔、四肢或内脏感受到真实的感觉,这些感觉对他来讲意味着某些事情发生在他身上或者他正在做着自己希望或害怕的事。他感觉好像是正在做些什么——如,触摸或吮吸或啃咬实际上无法触及的乳房。或者他感觉好像是乳房被强行地令人痛苦地夺走了,或者感觉好像乳房在咬他,而这些感觉,在最初很可能并未形成有视觉的或其他形式的意象。

> (1952,p.92)

艾萨克斯在三句话中多次用到了"对他来讲"和"感觉好像是"。身为一名逻辑与儿童发展的讲师(King,1991,p.xv),艾萨克斯在用词上考虑得极其周全。在我看来,她使用语言的方式反映了她意识到这样的一个事实:要能够产生她描述的那种品质的经验,必须至少要初步具有基于现实原则运作的能力。这个印象在随后的段落里被证实了,艾萨克斯说:"最早的幻想……是和客观现实的真实体验(无论这种真实性是多么受限和狭隘)捆绑在一起的"(p.93)。认识外部现实的能力允许个体将一组体验的表征与另一组进行比较,即,将由幻想产生的体验与对并非由自己创造出来的东西(外部现实)通过觉知和识别而获得的体验进行比较。

在我听来,艾萨克斯所用的语言也暗示了幻想活动是意识和潜意识的象征功能运作的开端,通过功能的运作,体验对一个解释性/有理解能力的主体而言开始变得具有意义了(这"对他来讲意味着")。她这里所说的体验(Barros and Barros,2009)不只是一个心理表征(一种"物自身"),而且在某种程度上也包括"好像感觉是"这样的体验,即解释主体在一种形式的现实(幻想现实)和另一种形式的现实(外部现实)之间做出区分的体验——感觉像那个东西,但又不是。

换句话说,如果潜意识幻想要具有艾萨克斯所描述的那种意义,就意味着有一个解释主体能区分符号和象征意义,区分内部和外部现实,区分思想和正在思考的,而潜意识幻想对他而言具有某种意义。在我看来,这样定义的幻想活动不仅产生了心理内容、潜意识思维和潜意识心理现实,也产生了一种从一出生就具有的意识状态,在这种状态中心理内容对他自己具有某种意义。虽然艾萨克斯没有明确说过,在我看来,她把幻想行为定义为一种解释性活动必然包含了这样的观点:潜意识思考(幻想行为)的体验是自我观察和自我思考体验(需要具有区分内部现实、外部现实及自己作为主体介于两者之间的能力作为其前提)的开始。

　　艾萨克斯的(主要是隐含着的)观点,即认为幻想行为包括了潜意识的解释/理解自己的(内部世界和外部现实的)体验,是后来的桑德勒和格罗特斯观点的先驱,桑德勒(Sandler,1976)提出不仅有潜意识的"梦的过程",也有潜意识的"理解过程",格罗特斯坦(Grotstein,2000)提出在潜意识中,不仅存在"做梦的梦者",也存在"理解梦的梦者"。桑德勒和格罗特斯坦都明确表达了这样一个观点:潜意识的心理工作需要一种潜意识的自我反思,而我已经在前面解释了,为什么我认为这种观点已经隐含在艾萨克斯的论文里了,虽然她可能并未有意识地用这些术语去表述这个观点。

　　另外,艾萨克斯认为潜意识的特征是:原始的思考和象征化形式——例如,"象征等同"(Segal,1957,p.393)——与更为成熟的思考与象征化形式——例如,"恰当的象征形成"(Segal,1957,p.395)——并存。这种对潜意识心理生活的理解恰巧预见了比昂的两个最重要的贡献:他关于健康状态下偏执分裂位与抑郁位的辩证的相互作用的构想(Bion,1962a),以及他认为精神病性的部分与非精神病性的部分两者共存于(健康状态的和病理状态的)人格之中。

幻想与心理发展

　　艾萨克斯在讨论幻想时做出的另一个原创性的贡献是关于幻想与整体心理发展的关系。正如前面提到过的,艾萨克斯认为幻想不单是本能的"心理表达",而且"所有的冲动、所有的感觉、所有的防御模式(大部分以感官/躯体的形式出现)都在幻想中得以体验,幻想让它们拥有了心理活动,为它们指明了方向和目的"(Isaacs,1952,p.83)。在我看来,艾萨克斯关于幻想的这部分作用——将感官的/躯体的体验转化为"心理活动"的元素——的构想,是比昂(1962b)的α功能概念的先驱。α功能是尚处于未知的一套心理运作方式(思维形式),可以把未加工的感官印象转化为经验元素(α元素),这些α元素能够在做梦的过程中互相联系在一起——对比昂(1962a)而言,这里说的做梦是潜意识思维的同义词。艾萨克斯(1952)认为,本能——一种躯体事件,最初呈现为感官体验的形式——在"被变成心理活动,被体验为幻想"(p.83)之前,必须先经历一个转变。虽然艾萨克斯没有对这个转化功能进行命名,但我相信,她的幻想行为概念是类似于比昂的α功能的,即幻想活动是一种心理功能(思维形式),它能将与本能相关的感觉印象转变为另一种心理形式,从而能够相互联系起来,创造出个人化的心理意义。艾萨克斯的幻想行为概念和比昂的α功能概念之间的一个重要区别是:艾萨克斯认为未经加工的感官印象主要来自本能,而比昂(1962a)认为它们主要来自对内部和外部世界的情感体验。

　　在不经意之间,艾萨克斯通过描述和解释婴儿早期心理生活,说明了幻想行为在心理发展的其他方面(包括自体客体的分化)中的作用。在婴儿观察和从儿童精神分析得到的临床资料的基础上,她就自己关于婴儿最初的幻想体验的假设举了一些例子:

当孩子对母亲的乳房有欲望时,他可能会把这种欲望体验为一种特定的幻想——"我想要吮吸乳头"。当这种欲望非常强烈时(也许是因为焦虑),他可能感觉到"我想把她全部吃掉"。

(Isaacs,1952,p.84)

当艾萨克斯描述这个幻想的时候,她很清楚地说明了婴儿的幻想是来自斯科特(W.C.M.Scott)所说的"原始的整体体验,即(一体化的)吮吸—感官体验—感觉—幻想行为"(斯科特对艾萨克斯1943年发表的文章的回应,引自Isaacs,1952,p.93,fn 2)。

在此以及其他众多段落中,艾萨克斯指出,这些早期的心理过程(幻想)带有全能的特点……孩子在生命之初不仅感觉到"我想要",而且会隐含着幻想:(对他的妈妈)"我正在做着"这个或那个;当他需要的时候"她在我身体里"。这些愿望……感觉像是正在利用外部或内部客体来自我满足。

(1952,p.85)

但是,与此同时,如果用婴儿朦胧意识到的饥饿、空虚、孤独、恐惧等感受来衡量,又会感觉到愿望没有被满足。换句话说,婴儿遭遇了外部现实和他全能思维的局限性。

这里最引人注目的是两种思维形式的同时性：全能的幻想行为和在承认需要与外部现实合作的基础上的思考（在外部现实所呈现的非魔术性的、因果关系的框架内思考）。在艾萨克斯对早期幻想行为的描述里，即便在全能的思考行为中也有强烈的"我"和"他人"的感觉。我们在这里可以看到艾萨克斯思考幻想所固有的复杂性的一个标志：一方面，幻想从一开始就包括了主－客体分化——"我正在对妈妈做某事"。与此同时，另一方面，因为早期幻想的全能性，它们必然包含着自体与客体的分化不良——客体是主体的延伸，客体会按主体的意愿行事。在最初的时期，婴儿"自己的愿望和冲动充满了整个世界"（Isaacs，1952，p.85）。分化的自体与客体的体验和未分化的自体与客体的体验是体验中辩证性的两面，忽视其中任何一面，都无法体会艾萨克斯在婴儿早期心理生活中由幻想作为中介的与客体联系形式这一思想的复杂性。

幻想在其中起到核心作用的心理发展的另一方面是：内部现实与外部现实日益复杂的相互影响。我在前面曾经谈到，对艾萨克斯（1952）而言，"幻想思维"（p.108）并非"现实思维"（p.108）相对应的另一面。相反，幻想行为总是包含了对经验的主观解释和基于现实原则思考的能力："我们认为，如果没有潜意识幻想的并存和支持，现实思维无法运作"（Isaacs，1952，p.109）。幻想行为总是包含着紧密纠缠的"主观"和"客观"体验。

最早的幻想从躯体冲动中而来，并与躯体的感官感觉与情绪感受相互交织。它们主要表达内在的和主观的现实，但从一开始，就已经是和客观现实的真实体验(无论这种真实性是多么受限和狭隘)捆绑在一起的。

(p.93)

心理发展意味着创造出越来越丰富的主观现实和客观现实"相互捆绑"的方式。(我觉得艾萨克斯用"相互捆绑"这一普通的词汇极其有力地表达了一个复杂的理论观念。)如果没有"体验客观现实"的能力,婴儿的幻想行为就没有了超越自身(即在幻想之外)以外的落脚点,如果没有外部现实来踩"刹车"(Winnicott,1945,p.153),全能思维就会失控地蔓延。任何的思维过程都无法以不受现实制约并相互影响的方式"发展"。以进食为例,心理成熟和思维能力的发展需要让婴儿关于全能控制乳房和乳汁供给的幻想与饥饿的现实相遇,并被后者修正。如果婴儿(或成人)没有对"客观现实的真实体验"(Isaacs,1952,p.93),就不会产生成熟的意识和潜意识思维。

幻想与关于现实的知识

讨论了艾萨克斯关于主观与客观现实相互作用这一观点后,接下来有待她解决的一个重要理论问题是她所认为的那些婴儿期幻想内容中蕴含的知识是从哪里来的。艾萨克斯很清楚地意识到了这个问题并直接地讨论了这个问题:

　　有人认为,在婴儿获得了意识层面的知识,从而能够理解将一个人撕成碎片意味着杀死他/她之前,"(将乳房)撕成碎片"这样的潜意识幻想是不会出现在儿童内心的。这种观点与实际情况不符。它忽略了这样一个事实,即这种知识天生地存在于作为本能载体的身体冲动、本能所指向的目标,以及感官(在这个例子中是嘴巴)兴奋之中。

(1952,pp.93-94)

　　艾萨克斯并不认为关于外部世界运作方式的知识是婴儿与生俱来的(拉马克学说的谬误),而是认为"知识天生地存在"(Isaacs,1952,p.94)。我认为艾萨克斯在此预见了以乔姆斯基(1957,1968)的深层语言结构为突出代表的语言学的发展方向。乔姆斯基认为我们并非天生就具备语言能力,但是天生就具有生理上的一种深层语言结构,这种语言结构可以把感官体验(对说话声音的感知)组织加工成一种语言,使它具有语法结构,并且能够被用于创造出象征性的口语表达及阅读和写作的能力。弗洛伊德(1916—1917)和艾萨克斯一样,认为存在着一种普遍的"原初幻想"(pp.370-371)(如儿童感觉到的被阉割和被诱惑的威胁)。但是他们两人都无法解释,在缺乏对现实世界的体验的情况下,"原初幻想"和"身体冲动"中所蕴含的关于外部现实的知识是如何获得的。

　　从结构主义的角度看,"知识"(例如,认为用嘴把人撕咬成碎片会杀死那个人的观念)是躯体冲动所固有的这种观点是相当合理的,也就是说,蕴含在本能之中,而本能的一部分包括一种深层结构(模板),能够沿着特定路线组织加工经验。例如,对于一个婴儿(或小孩)而言,妈妈把大便用尿布擦掉或在马桶中冲掉这件事,可能让他以各种感官形式(视觉、触觉、嗅觉、动觉、听觉)沿着一个由生理决定的心理模板进行组织加工,从而产生一种丧失了部分身体这样的幻想。人类天生就有无数这样的用来组织加工经验的心理模板。例如,尽管进入视网膜的光线并未进行分组,但是大脑会将不同波长的光分组,这样我们可以看到不同的颜色(Bornstein,1975)。在我看来,艾萨克斯(及弗洛伊德和克莱因)关于幻想的观点需要一个类似于深层语言结构这样的概念,才能解释构成精神分析理念中必不可少部分的那些普世存在的特定意义集群(如俄狄浦斯冲突)(Ogden,1986)。

幻想和求知的需要

艾萨克斯对幻想行为的构想扎根于克莱因对求知本能的构想及其与象征形成之间的关系[在她文章的1943年版本中,艾萨克斯明确提到"求知的冲动"(p.304),但令人困惑的是,在1952年版本中没有提及]。在1952年版本的最后部分,艾萨克斯扩展了她的观点,认为幻想的象征功能"在内心世界和对外部世界以及关于客观存在事物的知识的兴趣之间架起了一座桥梁"(1952,p.110)。幻想行为维持和促进了"对外部世界的兴趣和学习过程的发展"(p.110)。"探索和对(关于外部世界的)知识进行组织加工的能量来自"(p.110)幻想活动。因此,可以说艾萨克斯认为幻想活动(潜意识思考)的主要驱动力是认识真实世界(包括内部世界和外部世界以及自己与它们的关系)的需要。幻想是索尔·

贝洛（Saul Bellow, 2000）所说的"人类……试图理解现实的深层需求——想要用爱慕的面孔贴近它，用双手按住它的冲动"（p.203）的主要载体。

　　比昂（1962a，1962b，1970）进一步发展了克莱因的求知冲动观点和艾萨克斯的幻想（潜意识思维）有着天生求知欲的观点，认为人类想要了解关于自己体验的真相的需求是思维的主要动力。"现实感对个体来说和吃、喝、呼吸及排泄一样重要"（Bion，1962a，p.42）。潜意识思维（艾萨克斯称之为"幻想活动"，比昂称之为"做梦"）在本质上是为了在处理情绪问题的过程中让现实变得能够承受："如果没有（潜意识）幻想和梦，你就没有了思考你遇到的问题的手段"（Bion，1967，p.25）。比昂在这里明确表述了自己的观点：幻想行为（潜意识思维）是处理情绪问题的心理能力的基础。

　　总之，幻想行为——从人类心理受追求知识（寻求真相）需要的影响这个角度来看——不仅是为了管理过剩的性冲动和破坏冲动引发的张力，它也是一种思考形式，旨在对解决生活情感体验中产生的情感问题达成必要的理解。这一潜意识幻想活动的理论构想是心理发展理论中极具"个人色彩的"，在这个理论里，幻想被视作想要了解关于自己体验的真相的一种尝试，这种行为意味着发展出个人独特的满足好奇心的方式、多种多样的了解事物的方式、各种形式的学以致用的方式，以及对于在成为自己的过程中获得的理解加以个性化的利用，等等。

艾萨克斯与费尔贝恩在幻想概念上的不同观点

我发现,通过和费尔贝恩的观点(见第四章)相比较,会让艾萨克斯提出的幻想的概念变得很清晰。在克莱因和费尔贝恩的作品中都使用了"客体关系理论"这一术语,并且在这二者的著作中都有广泛运用。在我看来,这个词汇导致他们两人对内部客体世界和幻想在"内部世界"所起作用的完全不同的理论构想被混为一谈。在(安娜·弗洛伊德-克莱因辩论式大讨论的)"第二次讨论会"上宣读了一封费尔贝恩回应艾萨克斯文章的信:

> 我不能不表达这样一个观点:在克莱因夫人和她的追随者的努力下,"幻想"这一解释性概念已经被"心理现实"和"内部客体"的概念所淘汰。在我看来,现在是时候用自体及其对应的"内部客体"这个概念取代"幻想"这个概念了。这些内部客体在内部世界中具有的组织结构、专属身份、心理存在和活动,应被视为与外部世界的任何物体一样真实。给内部客体赋予这些特征乍一看有些令人吃惊,但毕竟弗洛伊德早已将这些特征赋予"超我"(见《哀伤与抑郁》,Freud,1917a),现在我们提出的不过是"超我"并非是唯一的内部客体(从自我中分裂出来的部分)。
>
> (Fairbairn,1943a,pp.359-360)

对费尔贝恩而言,内部客体世界并非由幻想 [(他认为)"幻想是一个思维观念构想的过程"(Fairbairn,1943a,p.359)]构成的。内部客体不是一些观念,而是"居住"(peopled)(费尔贝恩所用的出人意料的词)在内部世界的从"自我"分裂出来的部分。内部客体关系是"自我"分裂部分与压抑部分之间的真实存在的人际关系(Fairbairn,1944,见Ogden,1983,及第四章关于费尔贝恩内部客体关系概念的讨论)。这些关系并非幻想出来的,而是"和外部世界中的关系一样真实的内心世界的关系"(Fairbairn,1943a,p.359)。我相信费尔贝恩会说,"外部世界"中的人们不是幻想出了他们的客体关系,而是参与在其中并体验着这些关系——"居住"在潜意识内部世界的客体也同样如此。"'幻想'的概念纯粹是功能性的"(Fairbairn,1943a,p.360),即幻想行为是"自我"的一个功能:是自我/自体的核心部分(Fairbairn在1944年发表的文章中称之为中心自我)及其分裂部分和压抑部分的活动。我认为艾萨克斯和费尔贝恩关于幻想和内部客体的观点的主要区别在于:艾萨克斯认为内部客体是幻想的产物,而费尔贝恩认为幻想是内部客体的产物(即内部客体是进行潜意识思维的主体)。

　　在另一个重要的方面,费尔贝恩和艾萨克斯对幻想也有着不同的理解。虽然艾萨克斯拓宽了幻想的概念,让它不仅包括了本能冲动的心理表征,也包括了其他体验的心理表征,但她还是重点强调了本能的作用,把本能看作潜意识愿望、冲动、情感状态和组织及理解内部、外部世界的方式的主要来源(始于婴儿最初期)。费尔贝恩(1944)却认为,本能驱使的幻想行为并非引发婴儿对与母亲(及其他外部现实)的共同生活体验的回应的主要来源,相反,婴儿与世界的第一次接触是它对现实中母亲(她必然同时是令人满意的客体和令人不满的客体)的回应。婴儿体验到的情感剥夺是一种真实的体验而不是幻想(因为即便是最好的母亲有时也会误解婴儿,或有时在情感上退缩,或因为能力耗竭无法满足婴儿)。

艾萨克斯(1943b)在研讨会上给予费尔贝恩的回应简洁而不屑:

在我看来,费尔贝恩医生把克莱因夫人的部分理论过分强调和歪曲到了可笑的地步。他把"内部客体"过分实体化,使它变得孤立,将愿望、情感和本我都排除出去……

费尔贝恩医生的立场不代表克莱因夫人的工作和结论。

(p.458)

艾萨克斯对费尔贝恩的回应并未解决费尔贝恩指出的理论问题:如果内心世界是一个由幻想构成的隐喻性的世界,那么是自我还是本我在进行幻想行为呢?还是说自我和本我之间的区分已经行不通了呢?当克莱因和艾萨克斯构想心理结构的最核心隐喻是把它看作一个由相互作用的多个内部客体构成的"内心世界"时,她们的理论是否和弗洛伊德的结构模型不一致?

在辩论式大讨论及费尔贝恩的文章《客体关系框架下的内在心理结构》(Fairbairn,1944)发表后,艾萨克斯可能对费尔贝恩的回应做了进一步的思考。她在文章的1952年版本里增加了一个章节,其中引用了弗洛伊德的话"不能不加变通地看待'自我'和'本我'间的差异"(Freud,1923,艾萨克斯引用于1952,p.120)。也许这意味着艾萨克斯向费尔贝恩的观点(认为"本我"和"自我"是一个统一体———一个受需求和愿望驱使的主体)靠拢了一些。如果是采纳这个观点,那么结构模型将坍塌成由两个意识的子组织——自我和从自我分裂出去的一部分（超我）——组成的真正的内部客体关系。在我看来，从弗洛伊德的结构模型到由幻想组织起来的内部客体关系模型是克莱因和艾萨克斯工作的必然结果，但是艾萨克斯似乎在努力地抗拒这个结果，这也许和她所处时代的精神分析的政治性有关。

结　论

"弗洛伊德–克莱因时代"的精神分析的研究重点在于思想的内容（我们在想什么），"温尼科特–比昂时代"的精神分析的研究重点在于思考的方式，而艾萨克斯的幻想概念曾经是，并且仍然是前者向后者的过渡，它起到了承前启后的作用。在我看来，她这篇文章最主要的意义是阐述了她的观点：幻想是创造意义的过程，也是所有意义——包括情感、防御"机制"、冲动、躯体体验等——在潜意识心理生活中存在的形式。除了上述这种对人类"内在生活"的根本重构，我认为艾萨克斯的作品对于修订思考的理论还有一些其他的重要启示，留待读者去发现。我本人对艾萨克斯的观点有以下几点延伸：（1）幻想行为不仅产生潜意识心理内容，也是全部的潜意识思维本身；（2）移情是幻想行为的一种形式，它是第一次（在与分析师的关系中）可以对情感事件进行思考的方式，这些情感事件发生在过去，但当时因为过于令人困扰而无法体验；（3）幻想的首要目的和功能是满足人类想要理解自己体验的真相的需要。

第四章　为什么读费尔贝恩？

在我看来,费尔贝恩发展出了一种关于心智的模型,他在这个模型的架构中包含了对于早期心智发展的理论构想,这在20世纪的精神分析理论家中是绝无仅有的。他把心智的模型设想成一个"内部世界"(Fairbairn,1943b,p.67),被分裂的和被压抑的多个部分自体相互形成稳定的、但也有可能改变的客体关系,他用这个心智模型代替了弗洛伊德的结构模型。构成费尔贝恩的内部客体世界的"人格类型(cast of characters)"(也称为子人格)扩大了弗洛伊德的三元结构模型,提供了一组更丰富的隐喻来理解下列情境:(1)人类困境的某些类型,特别是那些因为恐惧自己的爱具有毁灭性而产生的困境;(2)诸如怨恨、轻视、幻灭和成瘾的"爱"这一类情感在潜意识结构中的作用。

在我看来,费尔贝恩的内部客体关系理论是精神分析理论在它诞生的第一世纪中最重要的发展之一。但是,他的作品鲜少在精神分析文献(特别在北美和拉丁美洲的著作)中被引用,从这一点来判断,他的理论观点(例如,他在1940,1941,1943b以及1944年的文章中所提出的观点)和临床思考(在1956和1958的文章中)并未像20世纪的其他理论家,如克莱因、温尼科特和比昂那样吸引人们的注意并被研究。原因之一是费尔贝恩独自在爱丁堡工作,鲜有机会与伦敦精神分析学院的同行们(当时的成员包括巴林特、比昂、安娜·弗洛伊德、海曼、克莱因、米尔纳、罗森菲尔德、西格尔和温尼科特)直接交流(Sutherland,1989)。这样造成的结果是,即便是与他同时代的人,也只能通过他的文章了解他的工作进展。

　　另一个让费尔贝恩在当今精神分析领域处于相对边缘地位的原因是,当读者试图去研究费尔贝恩的理论时,会发现面对的是厚重的散文风格,高度抽象的理论和一系列陌生的未被后来的精神分析理论家沿用的术语(如动力结构、内心结构、中心自我、内在破坏者、力比多自我、兴奋性客体、拒绝性客体,等等)。但是尽管费尔贝恩的术语如今几乎未被沿用,他的观点仍然极大程度地影响了精神分析理论家中的领军人物,这些人包括格林伯格和米切尔(Greenberg and Mitchell,1983)、格罗特斯坦(Grotstein)(1994)、冈特里普(Guntrip,1968)、肯伯格(Kernberg,1980)、克莱因(Klein,1946)、科胡特(Kohut,1971)、莫德尔(1968)、瑞斯利(Rinsley,1977),沙夫J.S.和沙夫D.E.(Scharff and Scharff,1994)、萨瑟兰德(Sutherland,1989)和赛明顿(Symington,1986)。当然这些理论家如何批判、修正和扩展费尔贝恩的思想不在本章探讨范围之内。

　　在本章中,我希望不仅能对费尔贝恩的思想进行解释和澄清,而且能够在仔细阅读费尔贝恩作品——特别是《人格中的分裂因素》(1940)和《客体关系中的人格结构》(1944)——的过程中,对我所认为的他的思想的一些重要内涵及外延进行拓展。我想要就费尔贝恩的作品写一些自己的想法,包括对他的文字的仔细研读,以及通过临床案例来阐述他的观点是如何影响和促进我自己的分析工作的。

费尔贝恩对精神分析理论的修正

对费尔贝恩来说,婴儿或儿童面临的最艰难、最易造成心理问题的困境是:他既体验到母亲(他完全依赖的那个人)爱着他并接受他的爱,又体验到母亲不爱他和拒绝他的爱。对于这个人类核心困境,他的作品中包含了一种至关重要的模棱两可。费尔贝恩所用的语言持续地引发读者思考这样一个问题:是否每个婴儿都因为体验到母爱中的缺陷而受到创伤? 还是婴儿将不可避免的(也是必要的)挫折误解为母亲不爱他的表现? 这两个结论在费尔贝恩的作品中都有充分的证据得以支持。例如,为了说明婴儿将缺失理解为母亲故意的拒绝时,费尔贝恩写道:

> 这里必须指出的是,在行为层面上发生的来自母亲的挫折,对他(婴儿或儿童)来说,在纯粹情感体验的层面上变成了完全不同的另一码事。从情感的角度,婴儿体验到的是爱的缺失和母亲对他情感上的拒绝。
>
> (Fairbairn,1944,pp.112-113)

而与此同时,费尔贝恩的作品中持续存在另一种逻辑,支持这样的观点:每个婴儿都能真实地感受母爱的局限性而且这种感受是"创伤性的"(Fairbairn,1944,p.110)。这种逻辑是这样的:(1)"每个人都应当被视作分裂样的"(Fairbairn,1940,p.7),即每个人都有自体的病理性分裂,个体差异只在于严重程度不同;(2)分裂样的起源在于"令人不满的"(Fairbairn, 1940, p.13)母婴关系,即"母亲未能让孩子确信她是真正地把他当作一个独特的人来爱他"(p.13);(3)因为每个人都是分裂样的,而分裂样的状态来源于母亲无法让孩子确信她对他的爱,所以每个婴儿都会体验到创伤性的母爱。但是在这个逻辑走向中留下了一个重要的模糊点。"母亲未能让孩子确信她是真正爱他的"(Fairbairn, 1940, p.13)这句话的意思是指妈妈不能让孩子确信还是孩子没有能力去确信(即孩子没有能力接受爱)呢?"母亲未能让孩子确信"这个短语,在我听来更偏向前者,但并不排除后者。总的来说,费尔贝恩的作品中在这一点上的模糊语言让我相信他的观点是这样的:每个婴儿或儿童都能准确地感觉到母亲爱他的能力的局限性,与此同时,每个婴儿或儿童都将它曲解为母亲不够爱他。从这个角度来看,费尔贝恩关于早期心理发展的构想是一种创伤理论,这种理论认为婴儿在不同程度上被他对现实的感知(即他完全依赖于母亲,而母亲爱他的能力却无法达到他的要求)所伤害。不过,在我看来,费尔贝恩和克莱因的客体关系理论是互补的,而且这种互补让作为分析师的我们有机会通过"双目视野"(Bion, 1962a, p.86)思考/理解。费尔贝恩认为外部现实居首要位置而潜意识幻想次之,克莱因认为潜意识幻想起着最主要的作用而外部现实是次要的(因篇幅所限,在此不对两者的客体关系理论做详细比较)。

费尔贝恩(1944)指出,婴儿在主观上感觉到他完全依赖的母亲无法爱他,这种感觉让他产生"一种极其毁灭性的情感体验"(p.113)。对一个年龄稍长的孩子而言,体验到爱着母亲但对方却不爱他也不接受他的爱,是一种"强烈的耻辱"(p.113)。"在更深的层面(或更早的阶段),体验到的是需求被无视或轻视的羞耻感"(p.113)。孩子"感受到无价值感、匮乏感或乞讨感"(p.113)。"同时,他的罪恶感[因为要求太多]被无能为力的感觉进一步复杂化了"(p.113)。

但是,对一个完全依赖母亲但又体验到对方不爱他并拒绝他的爱的婴儿,这些感觉(羞耻、无价值、乞讨、罪恶和无能为力)带来的痛苦并不是最灾难性的。更灾难性的后果是这样的关系对婴儿的存在性带来了威胁:

> 可以这么说,在更深的层面(或更早的阶段),孩子体验到突然地爆裂,力比多被完全清空。这是一种崩溃和濒临心理死亡的体验……受到失去力比多[爱](用来建构好的自己)的威胁……[意味着他受到威胁会失去]构成自己的东西。
>
> (Fairbairn,1944,p.113)

> 换言之,人类呱呱坠地时普遍都经历了一种濒临失去自我和失去生命的可怕体验。更可怕的是,在婴儿或儿童的感觉里,母亲对他的爱明显缺失的原因是他破坏了她的爱意并使之消失。同时他觉得她拒绝接受他的爱是因为他的爱是毁灭性的和坏的。
>
> (Fairbairn,1940,p.25)

婴儿坚持要爱着"坏客体"(Fairbairn,1943b,p.67)是因为坏客体总好过没有客体:"他[婴儿或儿童]需要她们[母性客体]……他不能没有她们"(Fairbairn,1943b,p.67)。所以婴儿不能放弃他重建与不爱他、不接受他的母亲之间爱的联结的尝试。婴儿坚持抓住不爱自己的母亲,是在试图撤销在他想象中自己的爱已经对母亲产生的毒害。但是如果婴儿的这种尝试持续太久,就会感到"崩溃和……濒临心理死亡"(Fairbairn,1944,p.113)。

从这个角度来看,婴儿面临的最重要(维持生命的)任务不仅仅是和能够给予并接受爱的母亲建立和维持爱的联结。同样重要的是,当他体验到不爱他的那个外部客体母亲时,他能够让自己从徒劳的尝试中摆脱出来。婴儿通过发展出一个内部客体世界(心理的一个方面),将与外部那个不爱的母亲之间的关系转换为内部客体关系,来完成这个生死攸关的心理运作。

婴儿吞并乳房以达到控制它的目的:"与内化客体的关系,是在外部世界缺乏满意的客体关系的情况下,个体被迫转向于此[的关系]"(Fairbairn,1941,p.40)。为了用内部客体关系替代真实的外部客体关系,婴儿让力比多——他的"初始的爱"(Fairbairn,1944,p.113)——停止流动,成为情感真空(因为想象的或现实的原因,母亲被体验为不爱的客体)。通过与不爱的母亲创建一个内部客体关系,婴儿将他初始的对客体的爱导向了一个内部客体,即部分的自己(心灵的任意一面——包括构成内部客体世界的所有"内化的人物"——都是自身必不可少的一部分)。

费尔贝恩认为内部客体关系是由自我的各个方面之间的真实关系构成的。这里费尔贝恩用的术语自我,更确切的表达是术语自体,所有(他所说的)"自我"分裂出去的"部分"都是"自体"的子组织。费尔贝恩(1943b)弃用了本我(Id)这个术语,因为他认为冲动和激情是自我/自体不可分割的部分。在讨论费尔贝恩的观点时,我所用的自

我和自体这两个术语是可以互相替代的。费尔贝恩(1943b,1944)再
三强调,把内部客体关系设想成"自我"分裂出来的两部分之间的关
系,无非只是对于弗洛伊德(1917a)提出的关于"批判性代理机构"
(p.248)(即后来所说的"超我")的产生的理论构想的展开阐述而已。
在《哀伤与抑郁》中,弗洛伊德(1917a)描述了自我的两个部分从自我
的主体(主格的我I)分裂出去并相互形成一种潜意识关系的过程。
在抑郁时,一部分的自体(对抛弃它的客体怀有无力的暴怒)与另一
部分被分裂的自体(对抛弃它的客体产生认同)产生了稳定的内部客
体关系。通过这样的方式,在自体的不同部分之间的潜意识客体关
系被建立起来并得以维持。在弗洛伊德看来,自体这样分裂的结果
是,当抛弃它的客体被自体的一部分替代时,会有客体并未丧失的潜
意识感觉。因此,费尔贝恩的内部客体关系理论既是对弗洛伊德思
想的阐述(见第二章关于《哀伤与抑郁》中客体关系理论起源的讨
论),又(在理解内心结构和内部客体关系的性质上)与弗洛伊德有着
根本的不同。

在讨论了婴儿如何用内部客体关系代替令人不满的外部客体关系
后,现在我接着来谈费尔贝恩关于作为婴儿内化了与母亲之间不满意的
关系后的结果的内部客体世界("基本内心状态")的构想(Fairbairn,
1944,p.106)。

要了解费尔贝恩心理发展的构想,有必要先了解他"内心结构"
(Fairbairn,1944,p.120)的概念。简单地说,内心结构是自体的一个子组
织(从自我/自体的"主体"分裂出去的部分)。费尔贝恩认为,任何潜意
识的内心结构都是从自我/自体分裂出来的一部分,但他误用内部客体

来指代这些自体分裂出去的部分,它们更准确地来说是内部主体。费尔贝恩认为将"内心结构"(自体的一部分,能够思考、感受、记忆以及用自己特有的方式来回应)与"心理动力"(我们的冲动、愿望、需求和欲望)分开是错误的。费尔贝恩(1943b,1944)在这一点上的看法与弗洛伊德和克莱因不同,他认为假定自体(自我/我)的一部分没有冲动、愿望或欲望是不准确的:没有愿望和冲动的自体会是什么样的? 同样,费尔贝恩认为,离开了推动愿望和感觉的自体/自我/我,那些愿望和冲动将变得"毫无意义"(Fairbairn,1944,p.95):"'冲动'离不开具有特定模式的某个自我结构"(Fairbairn,1944,p.90)。值得一提的是,费尔贝恩特别指出"自我结构"是有"一定模式"的。这反映了他的观点——任何一个"自我结构"(即自我的任何一方面)都有它特有的组织结构,这种组织结构又进而决定了它特有的体验和回应感知、需求和愿望的方式。例如,当感觉到被冷落时,不同的自我结构(即自我的任何一个半自主部分)的体验是不同的,在每个自我结构中引起的情绪反应也是不同的(例如,会感到愤愤不平、蔑视和怀恨在心等)。

为了简化情绪反应从而使自己在与不爱自己的妈妈的内化关系中获得一些掌控感,婴儿采取了"分而治之"(Fairbairn,1944,p.112)的策略。婴儿将不爱的(内部客体)母亲分成两部分:诱惑性母亲和拒绝性母亲。费尔贝恩并未解释他是如何得出这样的观点的(为什么不是嫉妒性和谋杀性? 或者为什么不是有毒的和吞噬性的)。正如我们当初对弗洛伊德提出的更大胆的假设——认为人类的所有动机都源自性冲动和自我(或生存)的本能(后来改为死本能)——所做的那样,在我们验证作者假设的理论和临床结果时,必须先避免评判。

费尔贝恩(1944)提出,婴儿人格的一部分感觉自己强烈而不受控地依恋诱惑性客体母亲,而另一部分又无望地依恋拒绝性客体母亲。婴儿心理的这两个部分——与诱惑性母亲在情感上结合的部分和与拒绝性母亲结合的部分——都是从健康的自我主体(费尔贝恩称之为中心自我上"分裂"(Fairbairn,1944,p.112)出来的。同时,婴儿人格中完全认同诱惑性母亲和拒绝性母亲的部分也是从中心自我上分裂出来的。这样,两组压抑的内部客体关系(由从中心自我分裂出来的四个部分组成)产生了:(1)被诱惑的自体(费尔贝恩称之为力比多自我)与实行诱惑的、与客体认同的自体(兴奋性客体)间的关系;(2)被拒绝的自体(内部破坏者)与实行拒绝的、与客体认同的自体(拒绝性客体)间的关系。这两组内部客体关系被中心自我愤怒地拒之门外(即压抑),因为婴儿人格中的健康部分(中心自我)对于不爱他的内部客体母亲有着强烈的愤怒。

兴奋性客体和拒绝性客体与力比多自我和内部破坏者一样,都是自体的一部分。兴奋性和拒绝性内部"客体"有一种"非我"的感觉,因为它们完全认同了不爱自己的母亲的兴奋性和拒绝性特质(见Ogden,1983,论内部客体和内部客体关系的概念)。

费尔贝恩(1944,1963)认为将不满意客体内化是为了努力掌控不满意客体而实施的防御措施。但我认为儿童通过内化达到的虚幻的掌控感这一说法,只能部分地解释内部客体世界所具有的巨大心理能量,来维持"内部现实的封闭系统"(Fairbairn,1958,p.385),即维持与现实世界的隔离。费尔贝恩指出,尽管被分裂和压抑的自我(内部破坏者和力比多自我)对不爱他、不接受他的客体感到强烈的愤恨和觉得自己被后者无情唾弃,然而这些被分裂的自体部分和内化的不爱客体之间的联结的本质是力比多。

这些联结的力比多本质说明,对于令他不满的客体,自体的那些方面(内部破坏者和力比多自我)从未放弃过试图给予爱和得到爱的可能性。在我看来,与那些让人感觉到诸如愤怒、怨恨等情绪内部客体的力比多联结,必然涉及一种(潜意识)愿望/需要,试图把不爱的和不接纳的(内部)客体变成爱他的接纳他的(内部)客体。

从这个角度看,我把力比多自我和内在破坏者看作自我试图把兴奋性客体和拒绝性客体变成爱的客体的那一面。而且,通过扩展费尔贝恩的思想,我认为婴儿努力把令他不满的客体变成令他满意的客体(从而消除了在想象中婴儿的爱对母亲的毒害)是维持内部客体世界结构的唯一的重要动机。而这样的结构外化是所有病理性客体关系的基础。

费尔贝恩理论中内部客体的"情感生活"

费尔贝恩(1944,p.105)提供了一个图来说明我上面描述的心理结构之间的关系(见图4-1)。我在学习和讲授费尔贝恩理论时的经验是,熟悉这个图对理解费尔贝恩的内部客体关系的本质非常有用。因为图必然是机械的、非人性化的,所以我会在接下来,试着说明构成费尔贝恩内部客体世界的内部客体的"情感生命"本质。

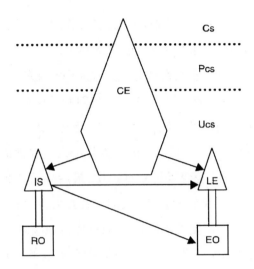

图4-1　心理结构之间的关系（改编自Fairbairn，1944，p.105.感谢 Routledge
& Kegan Paul授权使用）

注：CE：中心自我（Central Ego）；IS：内部破坏者（Internal Saboteur）；LE：力比多自我
（Libidinal Ego）；RO：拒绝性客体（Rejecting Object）；EO：兴奋性客体（Exciting Object）；
CS：意识（Conscious）；Pcs: 前意识（Preconscious）；Ucs：潜意识（Unconscious）；→：攻
击性（Aggression）；‖：力比多（Libido）。

成瘾的爱（力比多自我和兴奋性客体的联结）

在我的理解里，费尔贝恩的内部客体关系理论认为，所有的内部客
体间相互联结的爱与恨本质上都是病理性的，因为它起源于婴儿与无法
触及的母亲，即与不能给予爱和接受爱的母亲的病理性联结。对力比多
自我来说，力比多自我和兴奋性客体之间的关系是一种成瘾的"爱"，而

对兴奋性客体而言,这是一种来自力比多自我的令人绝望的需求(兴奋性客体对这种渴望的需求是永远无法满足的)。

当我把力比多自我和兴奋性客体想象成内心戏的两个角色时,我经常会想到我多年前的一个病人 C 先生。我们的工作是一周两次的咨询。C 先生 30 岁出头,患有脑瘫,他令人绝望地爱上了 Z 女士(她没有脑瘫和任何其他身体损伤)——一位"美丽"的女性朋友。在他们拥有"友谊"的这些年里,C 先生的示爱变得越来越迫切,最后导致 Z 女士彻底切断了与 C 先生的关系。在我们的咨询中,即使在最好的情况下,C 先生都无法用言语描述他是如何爱着 Z 女士的,只能痛苦地嘶吼。

C 先生坚持说 Z 女士肯定是爱他的,因为她喜欢他的幽默感,并两次邀请他去她家中参加派对。虽然我只是通过和 C 先生的接触(包括我自己的移情-反移情体验)了解了 Z 女士的一些情况,但是我很怀疑她是否潜意识地以一种病态的方式被他吸引。产生这个怀疑的部分原因是:我在和 C 先生的工作中,经常会不仅仅希望可以安慰他,还希望可以"治愈"他的脑瘫。"治愈脑瘫"的愿望反映了我无法欣赏和接受他原本的样子,而是期望有神奇的结果会发生。对于这样的感受的行动化的反应,例如,在与 C 先生交谈时隐含地许诺"治愈",会导致鼓励他完全依赖我而继续逃避现实。在这种情况下,C 先生将没有机会成长,也没有机会实现真正的成熟和独立。在我看来,分析工作的进展,取决于我对自己(让 C 先生永远地依赖我)的需要进行的认知和思考并坦然接受的能力。

在我看来,C 先生与 Z 女士的"爱情关系"(以及与我之间的移情-反移情,包括我想要"治愈"他的潜意识愿望)体现了一种病理性的相互依赖。按照费尔贝恩的说法,这样的情感状态就是力比多自我和兴奋性客体之间的联结。这样的关系是心理上的互相束缚,关系中的所有参与者,互为狱卒与囚徒、猎人和猎物。(在本章节稍后讨论心理成长的主题时,我会进一步讨论与C先生的工作。)

怨恨关系(内部破坏者与拒绝性客体的联结)

尽管(也正因为)母亲拒绝了他,内在破坏者与拒绝性客体的关系的确源自婴儿对母亲的爱。这种将内部破坏者和拒绝性客体捆绑在一起的纽带,本质上不是恨,而是一种病理性的爱,这种爱的体验像是苦涩的"怨恨"(Fairbairn,1944,p.115)。无论是拒绝性客体还是内部破坏者,都不愿也不能对此加以思考,更不用说去松动这个纽带。事实上,双方都没有要改变这种相互依赖关系的意愿。这种纽带的力量之强大,无论怎样估量都不过分。拒绝性客体和内部破坏者注定是产生委屈、被欺骗、被羞辱、被背叛、被剥削、被不公平对待、被歧视等情感的温床。来自另一方的错误对待感觉上好像是无法被原谅的。内在破坏者和拒绝性客体都在等待对方的道歉,却永远也等不到。对内在破坏者(被拒绝的自体)来讲,最重要的事情就是迫使拒绝性客体承认他(她)所造成的无法估量的痛苦。

从拒绝性客体(从自体分裂出来的、完全认同拒绝性母亲的部分)的角度来看,这种病理性的爱带来的体验是:认定内部破坏者是贪婪的、得寸进尺的,它神经过敏,忘恩负义,不讲道理,无法放下怨恨,等等。尽管内部破坏者无休止的抱怨和自以为是的愤慨让人难以负荷，拒绝性客体依然既不愿也不能放弃这段关系（即摆脱病理性的相互依赖），因为拒绝性客体（作为自体的一部分）之所以成为拒绝性客体，它的存在和形成正是源自与内部破坏者之间的联结。如果没有了内部破坏者的沉迷，试图从它那里榨取爱、悔恨和魔术般的修复，拒绝性客体只是一个空壳，只是被遗失和忘却的过去的一部分。这样的内部客体关系（和力比多自我与兴奋性客体的关系一样）是一种互为狱卒与囚徒的关系。如果没有了彼此之间病理性的、相互依赖的"爱"，这二者中的任何一方无论是对于对方还是自己都没有了意义（更不用说对自体的其他部分）。如果没有了其中一方，任何一方都会像是曾经盛行的宗教中的强大的神祇，而今只余残迹。

讲到内部破坏者和拒绝性客体之间联结的强大，我想到了一次关于团体动力的临床体验。[费尔贝恩（1944）认为，"比起其他的心理学理论，他对心理结构的理解为解释团体现象提供了一个更为令人满意的基础"（p.128），但他并未在他的任何作品中对这个想法做出进一步发展或临床说明。]我曾应一家社会服务机构主席的邀请担任了机构心理治疗部门的顾问。该部门的工作人员之间经常发生冲突，和其他部门的人员也经常发生冲突。部门主管是一个50岁出头的男性精神科医生，手下有三名男性精神科医生和六名女性心理学家及社工，这些工作人员的年龄都在三四十岁。这名主管对男性精神科医生表现出明显的偏爱，不仅表现在对他们的想法赞赏有加，还任命他们担任领导职务（这样的职务会有更高的薪水）。那些女性治疗师大多已经在机构服务多年，从不掩饰她们对主管的不满。

在与每个员工单独谈话的过程中,我很惊讶地发现每个女性工作人员都对主管对待她的方式表达了强烈的愤怒和痛苦,同时她们也都觉得除了继续在这里工作外别无选择。她们告诉我当地的其他机构和医院的精神科门诊都被关闭了,所以不得不继续留在这里。但她们其实都没有去其他医院或社会服务机构面试过。当我和部门主管谈话时他告诉我,作为一个他信任的精神科医生同行,我应该能理解他和"非医学背景"的女性心理治疗师一起工作的困难:她们总是在"俄期(产生俄狄浦斯情结的时期)依恋与竞争"中相互纠缠,也和"医学背景"的部门领导相互纠缠。

三个月后,因为城市的精神卫生服务经费被大幅削减,机构的心理治疗部门被关闭,我的顾问工作也因此突然结束。后来在一个讲座中我偶然遇到了其中一名女性工作人员,她告诉我:"现在回想起来,我觉得那时候的自己像一个生活在精神病家庭的孩子。当时我无法想象自己可以离开那里找其他工作,感觉好像如果离开的话就会流离失所。我的整个世界就缩成了那个部门的大小,如果它没有关门我肯定还在那工作"。她把当时的部门主管描述成"一个格局有限、憎恨女性并毫不掩饰地从羞辱女性中获得乐趣"的人,"但是,"她补充说,"对我来讲最可怕的事是我无法离开。而这个糟糕的状况不只是在工作中,在晚上、在周末甚至在休假的时候我都忍不住想这个事,就好像我当时被那个状态感染了一样。"

在我看来,这出戏码中所有参与者的感受和行为都像他们的生存是依赖于永无休止的折磨与被折磨关系的。主管、三名男性精神科医生(他们说他们感觉到被"困在当中",但没有为解决明显的不公平做任何事情)和女性员工都觉得委屈。似乎没有人认识到他或她正主动或被动地激起其他人的生气、无助、暴怒和怨恨。回想起来,我觉得当时我见证的也许可以看作内部破坏者与拒绝性客体之间相互依赖的特别激烈的形式。

鄙视关系
(内部破坏者与力比多自我及兴奋性客体的关系)

我认为,费尔贝恩对精神分析最具原创性和最重要的贡献之一,就是基于他对内在破坏者与力比多自我,以及内在破坏者与兴奋性客体之间关系的构想来理解人性。内部破坏者,充满着对于自身"在[婴儿式]需求的驱使下产生的依赖"(Fairbairn, 1944, p.115)的憎恨,启动了力比多"自我",并且因此启动了另一个自己(因为每一个内部客体——每一个心理结构——都是作为人的主体的一个分支)。因为力比多自我这种不停地用羞辱自身以乞求得到兴奋性客体的爱的方式,内部破坏者将它视作一个可怜虫、一个笨蛋、一个容易上当受骗的人,它轻蔑地攻击力比多自我:你从不吸取教训,你[被兴奋性客体]踹在脸上,却像什么事也没发生一样,等着再一次被踹倒。你怎么就这么笨,不明白这么显而易见的事?她[兴奋性客体]玩弄你,哄骗你,然后每次都甩了你,你还每次都回去让她继续这么做。你真让我恶心。

在我看来,如果从这个角度——内部破坏者的角度——看,我们可以更好地理解费尔贝恩用力比多自我来命名这部分自体的意义,它与兴奋性客体通过成瘾的爱相联结。在这里,以及在通用意义上的内部客体世界中,力比多是自恋性力比多(自恋性的爱)的同义词。所有的内部客体(更准确地说是内部主体)都是中心自我/自体分裂出去的一部分,因此它们之间的关系只是与自己的关系。这样,力比多自我的确是"正在爱着",但是它只是在爱着(以兴奋性客体的形式呈现的)自己。

与内部破坏者对力比多自我的攻击紧密相连的,是它对自恋性爱的客体——兴奋性客体的攻击。内部破坏者把兴奋性客体看作恶意的挑逗、一种诱惑、一串空洞的承诺:你[兴奋性客体]休想骗我。你也许能骗到他[力比多自我],但我知道你这种人,我已经听过你的诺言,我看穿了你邪恶的、伪装出来的爱。你是个寄生虫,你只知道索取,不知道什么是给予。你只骗得了容易上当的人或孩子。

乍一看,内部破坏者和它的名字很相配:它贬低和羞辱力比多自我的幼稚渴望,它攻击兴奋性客体,因为后者对于撩拨、引诱、欺骗和羞辱他人似乎永不满足。但是,内部破坏者感觉到的对力比多自我和兴奋性客体的轻蔑和鄙视,都来自它的自我憎恨,它是在为自己的轻信、自欺欺人和幼稚地追求拒绝性客体的爱(如前面那个医疗机构的例子中,女性工作人员徒劳地追求着部门主管的爱)感到无能为力和羞耻。我认为费尔贝恩对内部客体世界结构的描述中,隐含的观点是:内部破坏者对力比多自我和兴奋性客体的愤怒和蔑视,起源于它隐约地认识到自己对拒绝性(内部客体)母亲的绝对依赖和忠诚,并为此感到羞耻和屈辱。

内部破坏者对力比多自我和兴奋性客体的攻击形式在分析情境中的呈现是多种多样的。在我和T女士(T女士是我的一个被分析者,已经持续了多年一周五次的精神分析)的工作中,我怎么做都是错的。如果我说话,我肯定是"不在点上";如果我保持安静,我就是一个在躺椅背后发出声音的"刻板的分析师";如果我准时,我就是"强迫的";如果我迟到一分钟,我就是"害怕"看到她。在分析进行到第四年的一节咨询中,我的脑海中出现了这样一个意象:一个无家可归的男人坐在街头的交通信号灯附近,他似乎已经放弃了乞讨,不久将会死去。我深深地被这个意象扰动了,开始意识到这几个月来的感觉:我已经放弃了让病人看到我是谁,同样我也放弃了试图成为她的分析师的努力。这并不只是意味着我犯了个错,我感觉情况要糟得多,似乎我自己就是这个错误,我的存在对她来说就是个错误。

我努力将自己开始认识到并在自己内心用语言表达的这种感觉用于治疗,开始去思考,我认为自己经历了与病人类似的感觉,即她的存在方式本身就是一种错误(这个问题远比感觉她自己犯了很多严重的错误要更糟糕)。费尔贝恩(1944)指出,在潜意识内部客体世界,对失败或过失感到内疚远比感觉到"无条件地觉得糟糕,即力比多性的糟糕"(p.93)要好得多。无条件地觉得糟糕意味着感觉到自己的爱也是糟糕的。后来我对T女士说:"很长一段时间以来,你一直在说我不能理解你,而所有我说的话都证实了这一点。我想你对自己比对我更苛刻,你对自己的攻击比对我的要猛烈得多。我认为你不仅觉得自己所做的一切都是错误的,你还坚信自己的存在就是错误的,唯一的补救办法是成为另一个人。当然,如果你真的成了另一个人,那你就死了:甚至比死更糟糕,你从来不曾存在过。"

T女士立马回应,说我很啰唆。她这么说的时候,我觉得气馁,同时也意识到,尽管与她有了多年的工作经验,我还是真的希望这次她会至少考虑一下我说的话。我把这个想法告诉了病人,她沉默了一会儿后说:"请你别放弃我。"用费尔贝恩的话来说,至少在这一刻,病人软化了对自己的内心攻击(内部破坏者因为讨厌力比多自我爱的方式而对它的攻击)。她不仅允许自己接受她对我的依赖,还向我(作为另一个人)要求一些她知道自己不能给予自己的东西。

中心自我与内部客体和外部客体的关系

在结束关于内部客体/内心结构的情感生活的讨论之前,我将非常简要地评论费尔贝恩的中心自我概念。中心自我是费尔贝恩理论中最不起眼的一个。费尔贝恩(1944)所说的中心自我是一个能够进行思考、感觉、回应等活动的内心结构。它构成了新生儿初始的健康自我。从一开始,婴儿的中心自我就有初步的区分自体和客体以及基于现实原则运作的能力。但是,当婴儿体验到一个既爱他也接受他的爱的母亲,同时又是不爱他也拒绝他的爱的母亲时,为了回应这样的创伤体验,婴儿从中心自我分裂出一些部分,并以我所描述过的内部客体关系的形式将这些部分压抑。这样,中心自我保持了原有的健康状态,但由于分裂和"流放"(压抑)自身的某些部分而显著地枯竭了。

中心自我是自体中唯一能参与外部客体的体验并从中学习的部分。潜意识内部客体世界的变化总是由中心自我(它的行事方式有时

候和外部客体——如分析师——协调一致）来调解。内部客体只能以
自恋性客体关系的形式——内部客体关系的外化（在本质上必然是自
恋的）——与外部世界相互作用。中心自我不包括动力被压抑（不满
意）的内部客体关系；相反，中心自我完全由足够好的（而不是理想化
的）客体关系组成，如对那些自己爱着也感觉被他们爱着、被认可及被
接纳的客体的认同。这种认同构成了内在安全感的情感基础以及可靠
和完整的背景感受。

心理成长

在本章的最后一部分，我将讨论一些可以帮助心理成长的方法。费
尔贝恩认为"基础内心状态"，即中心自我的那些分裂和压抑的方面是
"相对不变的"（1944, p.129）。对他来说，通过精神分析可以实现的心理
变化，主要包括降低怨恨、成瘾的爱、蔑视、原始的依赖、幻灭等情绪的强
度，这些情绪将分裂、压抑的自体子组织相互捆绑在一起。具体来说，可
以通过把下列情感减少到最低限度来实现趋向健康的心理变化：

（a）自我子组织（内部破坏者和力比多自我）对他们各自的相关客体
（拒绝性客体和兴奋性客体）的依恋，（b）中心自我对自我子组织及其客
体[表现为对自体分裂出来的这两对配对子组织进行压抑]的攻击，（c）内
部破坏者对力比多自我及其客体（兴奋性客体）的攻击。

（Fairbairn, 1944, p.130）

费尔贝恩的文章枯燥而又抽象,其中的隐喻比较机械,大量使用自己的术语,这些因素使得读者几乎无法从费尔贝恩的陈述中辨认出任何的人类经验。关于人类如何在心理上成长,我将根据他文章中隐含的观点(而不是明确陈述的观点),提供另一种表达和思考方式。虽然费尔贝恩从来没有这样说过,但我认为在他对心理成长的构想中,最基本的心理学原则是,所有的心理成熟都涉及病人对自己的真正接纳,进而扩展到接纳他人。这种接纳是通过与自己的各方面(包括对不爱自己、不接受自己的母亲的令人困扰的、婴儿化的及分裂的认同)和解来完成的。通过这样的心理变化,就有可能发现存在于自身之外的人与经验的世界,一个可能让人感觉到好奇、惊讶、高兴、失望、思乡等情绪的世界。在这个由自我接纳打开的思想、感情和人际关系的世界里,一个人不会感到自己被迫要将人际关系的现实转化为其他东西,也就是不需要把自己或"客体"(这里指的是一个完整的、单独的主体)变成其他人。这也是一个可以从与他人相处的经验中学习的世界,因为这些经验不再被静态的内部客体关系的投射所支配。

在这一点上,我想到的一个临床案例是前面讨论过的患有脑瘫的C先生,他在孩提时曾被母亲野蛮地对待。正如我所描述的那样,在成年后,他一度被对Z女士的"爱"所占据。在长达8年的时间里,Z女士两次搬迁到另一个城市,每次C先生都跟着搬迁。她一而再再而三地试图向C先生说清楚,她只是将他当作朋友,并不想和他发展浪漫关系。C先生变得越来越绝望、越来越愤怒并企图自杀。在我们的分析工作刚开始时,病人就常常说他不知道我为什么"容忍"他。

在我们的咨询过程中,C先生提到Z女士"不公平"地拒绝他时,他会痛苦地嚎叫。当他难过的时候,特别是在哭泣时,病人无法控制嘴巴附近的肌肉,这使他连说话都很难。泪水从他的脸颊上划过,唾液在嘴边泛着泡沫,鼻涕从鼻尖上滴落下来,看着这样的C先生让人心痛。我罕见地有了一种直接的躯体感觉,似乎我是一个身处困境婴儿的母亲。C先生似乎想要我帮他找到一种不会吓到Z女士的方式来向她展示自己,并帮她理解他有多爱她,她也同样爱他(只要她肯承认这一点)。在病人的"计划"中,我听到一个如此明显地让人无法充耳不闻的愿望,那就是他希望我把Z女士(潜意识中,也包括他的母亲和那个仅仅是"容忍"他的我)转变成真正能够爱他、接纳他并珍惜他的爱的人。

回想起来,我认为,在C先生的分析体验中,他多年来持续在现实中体验到的这一点非常重要:即便他痛苦地嚎叫,无法控制地让眼泪鼻涕和唾液齐流,我也并没有厌恶他。对C先生来讲,尽管我从来没有说过,但是显而易见,我爱他,如同我会爱自己幼小的宝宝一样。多年来,病人一直羞于告诉我,在他小时候母亲羞辱他的一些方式,例如,反复称他为"一个令人厌恶、流口水的怪物"。他只是逐渐把这些深深的羞耻感投射给我。

我认为C先生关于羞辱他的母亲的描述不仅是针对他的外在客体母亲的,而且同样重要的是,他描述了自己的一个方面,把自己看作一个蔑视的对象,召唤其他人(最显著的就是Z女士)一起羞辱他自己。他潜意识里认为与Z女士的羞辱性关系比没有任何联系要好得多。

经过几年的分析工作后,C先生告诉我一个梦:"梦中没有太多事情发生。梦里我就是我自己,一个脑瘫患者,我把音乐开得很大声,一边洗车一边享受汽车收音机里传出来的音乐。"这个梦有很多地方都打动了我。这是C先生第一次在报告他的梦的时候专门提到了他的脑瘫。而且，他是这样说的——"我就是我自己，一个脑瘫患者"——表达了对他自己深度的认可和接纳，而这一点我以前从未听他说过。这是他表达与自己的关系发生变化的最好方式。这种与自己关系的变化是一种心理上的变化，包含了充满爱意的自我认知，而这种认知帮助他从不断地试图在那些不愿或没有能力爱他的内部或外部客体那里去榨取爱和接纳的需要中解放出来。在梦中，他能够成为可以享受帮宝宝（他的车）洗澡的母亲，边洗澡边享受宝宝内部传来的音乐。这不是一个关于巨大胜利的梦，只是一个关于平凡之爱的平凡之梦：梦中"没有太多事情发生"。

我被他告诉我的这个梦深深地感动了，对他说："多棒的一个梦啊！"

几年后，C 先生搬到了另一个地方，从事着他那个领域里一个高端的工作。他定期写信给我。在我收到的最后一封信里（大约在我们停止工作的五年后），他告诉我，他娶了一个心爱的女人，一个脑瘫的女人。他们最近有了一个健康的女婴。

随着 C 先生与我的关系的发展，他摆脱了自己对 Z 女士的成瘾的爱（一种力比多自我与兴奋性客体之间的捆绑），同时减少了对自身贬低和被贬低部分之间联系（内部破坏者与力比多自我之间的捆绑）的强迫性参与。

在我看来，C 先生和我共同完成的治疗工作的一个关键因素是我们两个人之间的真实（而不是移情）的关系，例如，我真的没有被他痛苦地嚎叫时涕泪横流和唾沫星子乱飞的样子吓倒，并且我感受到对他的爱，这种感觉和后来我儿子出生时感觉到的爱一样。我想，费尔贝恩会同意这种理解，并进一步说："真正决定性的（治疗性的）因素是病人与分析师之间的关系"（Fairbairn，1958，p.379）。他稍后在同一篇论文中详细阐述了这个观点：

　　精神分析的治疗包含两个方面：一方面是病人努力通过移情的作用试图将他与分析师的关系强行纳入自己内部世界的封闭系统，而另一方面分析师则不屈不挠地要在这个封闭系统打开一个突破口，并通过治疗关系的设置为病人提供条件，使他可以接受外部现实的开放系统。

（p.385）

结　论

　　对于（我所了解的）费尔贝恩而言，心理成长包含了一种只有在与相对比自己心理成熟的人建立真正关系的情况下才能实现的对自己的接纳。这种关系（包括分析关系）是走出内部客体关系的唯我论世界的唯一可能性。自我接纳是一种心理状态，标志着放弃——但不可能完全实现——将不满意的内部客体关系转化为令人满意的（即爱的和接纳的）关系的徒劳努力。随着心理的成长，一个人开始深深地理解，与不爱自己、不接纳自己的母亲的早期经历永远不可能变成别的样子。为了把自己（以及他人）转变为他所希望的人所做的努力，是浪费生命。存在着一个外部世界，这个世界中的人不是被个体自己创造出来的，而是可以向他们学习的，为了参与对这个世界的体验，首先要解除怨恨、迷恋、蔑视和幻灭的潜意识的束缚，否则他只能被禁锢在自己的世界里。

第五章　温尼科特的《原初情绪发展》

在精神分析诞生后的第一个世纪里出现了几位伟大的思想家，但在我心里，只有一位是用英语写作的大师，他就是唐纳德·温尼科特。由于他的写作风格和他表达的内容如此密不可分，因此他的文章不适合仅仅基于主题来阅读，也就是说不适合只关注文章"讲了什么"。如果只关注文章的主题，往往会导致读者只得到一些无足轻重的格言警句。温尼科特运用语言主要不是为了得出结论，而是用语言来创造阅读体验，这种体验与他正在呈现的想法——更确切地说，是他正在玩味的想法，密不可分。

在这里我将提供我对温尼科特（Winnicott, 1945）的《原初情绪发展》的解读，这篇论文包含了温尼科特在其后26年中在精神分析理论的几乎所有重要贡献的源头。我希望向读者展示，他的这些观念发展出来的过程，和他写作这篇具有开创性贡献的精神分析文献的过程，是密不可分的。温尼科特的文章提供给读者的东西，是无法用其他方式表达的（也就是说，试图用自己的语言来复述他的作品是极其困难的）。我的经验是，弄明白温尼科特运用语言的方式会显著增加阅读其作品的收获。

近年来,我发现对我来说唯一能够正确地学习和传授温尼科特思想的方法就是一行一行地朗读他的文章,就像欣赏一首诗一样,除了探索文章的意义之外,还要去探索它语言的运用。毫不夸张地说,温尼科特论文中的很多段落都可以被称为散文诗。这些段落符合汤姆·斯托帕德(Tom Stoppard, 1999)对诗歌的定义:"压缩语言的同时,扩展其意义"(p.10)。

在对温尼科特论文的讨论中,尽管文本中的很多观点都将被讨论,但我不会局限于对文本的解释。我的主要兴趣是把这篇论文看作一篇非虚构的文学作品,通过语言的媒介,读者和作品相遇产生一种富于想象的体验。我把温尼科特的作品说成是文学作品并不是为了贬低文章表达的那些观点的价值,因为这些观点已经被确认对于精神分析理论和实践的发展极为重要;我这么说是想要向读者展示,写作过程对于观点的形成过程是何等的重要,且二者密不可分。

在仔细讨论《原初情绪发展》之前,我会就温尼科特的写作提供一些我的观察发现,这些观点适用于他的所有作品。温尼科特作品令读者印象深刻的第一个特点是它的形式。不同于我能想到的其他任何精神分析师的文章,温尼科特的论文很简短(通常篇幅只有六到十页),通常在行文当中的某个时刻,他会把读者叫到一边,用一句话对他说:"我想传达的核心要点是……"(Winnicott, 1971b, p.50)但是温尼科特作品最独特的标记是它的声音。它看上去像随意的对话,但始终深深地尊重读者和讨论的主题。那个说话的声音既允许自己随意徘徊,同时又有着诗歌的简约感;声音里有一种非凡的智慧,同时又有着真正的谦卑,让人充分意识到它的局限性;它具有一种令人放松的亲密感,这种亲密感有时被机智和魅力所掩盖；这个声音俏皮富有想象力，但是绝不平淡或伤感。

要想传达温尼科特作品的特有的声音的品质，我们必须把重点放在游戏性这个特征上；我们能在他的作品中发现形式多样的游戏性。仅举几例，在他叙述和儿童病人的"涂鸦游戏"（1971c）时，有着自然的想象力和富于同情的理解。当温尼科特用他的理解，努力创造一种足够解释人类体验矛盾性的思维/理论形式时，他的声音里有一种严肃的嬉戏性（或者说嬉戏的严肃性）。温尼科特以微妙的文字游戏为乐，例如，以略微不同的形式重复一个熟悉的词组，指代病人开始和结束分析的需要："我做分析，因为这是病人需要做的和需要做完的"（1962，p.166）。

温尼科特的作品在极具个人化的同时，也带有一种英式的正式风格；这种正式性和亲密性的矛盾组合正是精神分析的标志（Ogden，1989）。考虑到所有这些在形式和声音上的特点，温尼科特的作品与博尔赫斯的《杜撰集》（Borges，1944）和弗罗斯特的散文与诗歌一样，紧凑、睿智、俏皮，时而迷人，时而嘲讽，但永远无法被删减。

当温尼科特在《原初情绪发展》中解释他的"方法"时，我们几乎可以立刻听到他这种独一无二的声音：

我不会先回顾历史，然后向读者展示我的理念是如何在他人的理论基础上发展起来的，因为我的心智不是这样运作的。我所做的是从各处收集各种信息，专注于我的临床经验，形成我自己的理论，最后，我会好奇地看一看，我从谁那里偷偷拿了什么想法。也许这个方法和其他方法一样好用。

（p.145）

　　"也许这个方法和其他方法一样好用"，这样的文字带有机智的游戏性。这个看起来似乎是附加上去的句子或许表达了整篇文章的主题：创造"一种方法"，一种为个体量身定做并形成自己独特的"水印"（Heaney，1980，p.47）的存在方式，也许是原初情绪发展的唯一最重要的结果。在个体形成的过程中，婴儿（和母亲）"从各处收集各种信息"。早期的自体体验既是碎片化的，同时又（在母亲的帮助下）以一种允许自我体验的方式不时地将体验收集到一个地方。此外，对婴儿来说，绝不能允许来自他人的碎片（内射物）——对作者来说，是来自他人的观点——来主宰这个创造意义的过程。"我的心智不是这样运作的"，在一个健康的母亲照料下的健康婴儿也同样如此。自体的连贯性和完整性形成的基础必定是个体自己的体验。只有在自我意识开始形成之后（无论是对于一个婴儿还是一个作者），才能承认在创造自己（和自己的想法）的过程中来自他人的贡献："……最后，我会好奇地看一看，我从谁那里偷偷拿了什么想法。"

　　接下来温尼科特简要地讨论了分析关系的几个方面，其中特别强调了移情-反移情。他认为，他所拥有的身体体验是其原初情感发展概念的主要来源。接下来我会讨论一小段（精确地讲是两句话）温尼科特关于移情-反移情的文字。我选择这些句子，是因为我认为它们对于帮助我们理解温尼科特对于分析关系如何的运作的理论构想，以及理解语言和思想在他作品中是何等密不可分这两个方面，都有着极其重要的意义：

抑郁症病人要求他的分析师能够理解，分析师的工作在某种程度上是在处理他自己的（分析师的）抑郁，或者我应该说，处理他自己（分析师）的因为爱的破坏性成分而引发的内疚和悲伤。更进一步说，因为自己与客体的未达到抑郁心位的原始关系而寻求帮助的病人，需要他的分析师能够看到分析师对病人的未经移置的同时并存的爱与恨。

（pp.146-147）

在第一句话中，温尼科特不仅提供了一个与弗洛伊德和克莱因截然不同的抑郁症理论，而且还提出了一个反移情在精神分析过程中所起作用的新构想。温尼科特在这里暗示说，抑郁症从根本上说不是对自恋地爱着的（并且已经丧失了的）客体的病理性内化（以逃避体验客体丧失的现实）（Freud, 1917a, 1917b; 见第二章）。他也不认为抑郁症是围绕着"认为是自己的愤怒伤害、驱赶或杀死了自己所爱的客体"这样一种幻想而建立起来的（Klein, 1952）。

在短短的一句话当中，温尼科特（通过使用他的观点，而不是对其进行解释）提出，抑郁症是病人将母亲（或其他爱着的客体）的抑郁当作自己的抑郁来承担（也就是说，在幻想中将其摄入自己内部），这样做的潜意识目的是将母亲从抑郁中解救出来。令人惊讶的是，这个对抑郁症的构想不是通过直接的陈述，而是通过一个几乎无法理解的句子来呈现，除非读者能自己创造/发现抑郁的代际起源和动力结构。读者只有在完成这个工作后，才能理解为什么说"抑郁症病人要求他的分析师能够理解,分析师的工作在某种程度上是在处理他自己的(分析师的)抑郁"
(pp.146-147)。[1]换句话说,如果分析师无法应对自己来自过去和现在
生活体验的抑郁感受(无论是正常的还是病理性的),他将无法识别(在
当下这一刻感受到),病人是如何潜意识地试图并且已经在一定程度上
成功地将分析师(移情中的母亲)的抑郁承担到自己身上。

　　除了分析师出于认同病人抑郁的内部客体母亲而产生的抑郁之外,
分析师来源于其他途径的那部分抑郁让病人更难以触及,因为病人无法
在分析师身上找到他(病人的)母亲的那种抑郁,而这种抑郁是病人人生
的大部分时间里一直熟知和密切关注的。病人一心一意关注的是他内
部客体母亲独有的那种抑郁。(每个人的抑郁都是他或她独有的创造物,
来源于他或她特定的生活经验和人格组织。)温尼科特认为分析师必须
先处理自己的抑郁,这样才能体验到病人(内部客体)母亲的抑郁(被投
射到分析师身上)。只有当分析师能够容纳/接受(病人的内部客体)母
亲的抑郁(与他自己的抑郁不同)体验时,他才能体会病人的病态努力,
即病人通过将有毒的异物摄入自己体内来减轻母亲的心理痛苦(现在病
人觉得是分析师的心理痛苦)。

　　在这个句子的第二部分,温尼科特看上去只是用另一种方式陈述了
第一部分已经说过的内容("或者我应该说"),但是其实却是全新的内

1　本句中所用的"抑郁"一词,似乎指的是一种广泛的心理状态,范围包含了从临床上
　的抑郁症到与心理发展成抑郁状态(Klein,1952)密切相关的那种普遍存在的抑郁。
　后者是心理的正常发展阶段和"经验生成模式"(Ogden,1989,p.9),涉及全部的客
　体关系、矛盾情感,以及由认识到自己与母亲分离而导致的深深的丧失感。

容：抑郁病人的分析师必须先处理他自己（分析师的）的"因为爱的破坏性成分而引发的内疚和悲伤"（p.146）。然后，分析师必须能够与无法避免的爱的破坏性共存，因为爱必然包含着对爱的客体的需要，而这可能（首先是在幻想中，有时也是真实地）对被爱的那个人造成负担。换句话说，分析师需要在他个人分析过程中以及通过持续的自我分析充分地接受自己对爱的枯竭（或耗竭）的恐惧，从而能够去爱他的病人，而不用担心这样的情感会伤害病人而导致自己（分析师）"内疚和悲伤"。我意识到自己的语言在讨论这段文字时显得笨拙。这些观点很难传达，一部分原因是温尼科特的语言非常紧凑，另一部分原因是温尼科特尚未完全形成他正在提出的这些观点。而且，他正在这里逐渐形成的观点涉及不可解决的情感矛盾和悖论：分析师必须充分摆脱自己的抑郁，以体验抑郁症病人投射给他的抑郁。分析师还必须能够爱，而且不害怕他的爱所带来的伤害——因为如果分析师害怕他的爱所带来的破坏性，他几乎没有机会来分析病人是如何恐惧他对分析师的爱所导致的重负/破坏性的影响。

温尼科特的思考并未止步于此。在接下来的句子中，他革命性地（我特意使用了这个词）将精神分析概念"分析设置"看作分析师对病人表达恨意的渠道："每个小节的结束，每段分析的终结，规则和条例，所有这一切都是[分析师]恨的表达"（p.147）。这些话语的力量来自这样一个事实：分析师通过这些行为表达恨意（因为太常见了以至于经常被忽视）这一观点的真实性是精神分析专业读者立即可以从自己与几乎每个病人相处的体验中认识到的。在这段话中，温尼科特识别/解释了未说出口的恨，这些恨被分析师在"扔掉病人"（通过准时结束每次咨询的方式）

和设定分析的限制(通过维持分析设置的其他方面)时潜意识和前意识地体验到(经常伴随着解脱感)。这里隐含的观点是,分析师害怕自己对病人的恨带来的破坏性时,可能会导致具有治疗破坏性的打破分析设置,例如,显著延长咨询时间(不只是几分钟),以便"不打断病人",或将咨询费用设定在病人能够承受的水平之下,"因为病人在童年时期一直被父母利用",或者当病人错过了一次会谈时自发地打电话给病人"以确定他没事"等。

只有仔细品味这些句子,才能发现和欣赏在作品和读者之间非常鲜活的关系中正在发生着什么,这些正在发生的互动构成了大部分发展出的观点。正如我们所看到的,作品要求读者成为能够共同创造意义的活跃伙伴。作品(如同来自被分析者的交流信息一样)暗示(仅仅是暗示)意义的可能性。读者/分析师必须愿意,并且能够忍受未知,这样才能让自己有空间来体验/创造各种可能的意义,并允许某种或某几种意义(暂时)占据上风。

此外,重要的是要明白,作品"发挥的作用"(借用温尼科特在陈述他的"方法"时的说法)在很大程度上取决于其理解读者(正确解读阅读者的潜意识)的能力。或许一切好的写作(无论是在诗歌、戏剧、小说还是散文中)在很大程度上都是以这种方式"发挥作用"的。

在我们正在讨论的这篇温尼科特的文章(以及几乎所有收录在他的三卷重要论文集内的文章)中(1958,1965,1971d),临床材料的篇幅少得令人吃惊。我认为原因在于:这里的"临床体验"很大程度上存在于读者被作品"解读"(即被解释、被理解)的体验之中。当温尼科特提供临床材料时,他提供的往往不是对于特定病人的具体干预,而是针对分析中的

"通常的体验"（1945,p.150）。这样一来,他隐含地要求读者调用他自己
与病人在一起的体验:不是为了"接受"温尼科特的想法,而是邀请读者
做出"原创性的回应"（Frost,1942a,p.307）。

　　在文章稍后的阐述早期发展中未整合的和整合的经验中的一段话
中,有一些其他形式的作品与读者之间,以及风格与内容之间的富于创
造力的相互作用,起到了核心作用:

　　未整合现象的一个例子在某些病人中是很常见的一种体验,他们会
详细地诉说周末的每一个细节,如果说完所有的事情,病人会感到满足,
尽管分析师觉得什么分析工作都没做。有时候,我们把这个情况解释为
病人需要一个人,即他的分析师,了解他的一点一滴和方方面面。被理
解意味着至少在分析师那里感觉到了整合。这在婴儿期是很普通的事,
如果没人帮一个婴儿把他的碎片聚集到一起,他的自我整合一开始就有
缺陷,也许他不能整合成功,也许无论如何都没有信心保持整合……
　　在一个健康婴儿生活中的很长一段时间里,只要他时常能够得到整
合并感觉到某些东西,他并不介意自己是碎片化的还是一个整体,也不
介意自己是活在母亲的脸上还是活在自己的身体里。

（p.150）

　　在这段文字中隐含的意思,是认识到分析师对于病人"会详细地诉
说周末的每一个细节"时产生的愤怒,因为这会让分析师感觉"什么分析
工作都没做"。温尼科特让读者去充分想象,分析师如何用解释阻抗的
形式将自己感觉到的愤怒和失败倾倒回病人身上["你似乎正在用细节

来填满整个咨询时间,挫败了任何让分析工作可以进行的可能性"(以我自己的解释举例)]。

温尼科特接着为读者提供了一个对于分析技术的重大修正。他做得如此巧妙,以至于读者如果不仔细就注意不到这一点。他简直可以说是提供了一种与病人相处和交谈的全新方式,而没有任何说教和炫耀:"有时候,我们把这种情况(病人诉说他周末的每一个细节)解释[1]为病人需要一个人,即他的分析师,了解他的一点一滴和方方面面"。短语"有时候,我们"把读者当作一个熟悉所描述的临床情况的同事,而且很可能已经觉得有必要以温尼科特的方式进行干预。也许读者/分析师还未能将他对病人的体验和做法充分地表达出来。这段语言并没有揭穿读者/分析师出于自己的挫折感和失败感而做出的或者倾向于做出的愤怒的阻抗解释。温尼科特通过他的语言,提供了一种阅读体验,帮助读者不加防御地将来自自己的被分析过程以及与病人的分析工作中的那些尚无法清晰表达的体验聚拢到一起。

此外,短语"很常见的一种体验"传达了一个非常重要的理论概念(同样是不引人注目的):未整合的原始状态并不限于重症病人的分析之中;这样的状态在所有的病人中(包括那些最健康的)都会经常出现。这种写作"技巧"不会有操控读者的感觉,相反,感觉上它像是一个很好的解释——用文字把读者/分析师在体验中已经了解但却不知

---

1 在我看来,温尼科特这里指的是沉默的解释,这一刻分析师在心里做出的解释,可能会在以后呈现给病人。

道自己已经了解了的东西陈述出来，读者/分析师在此之前并未在言语象征性的层面上以整合的方式了解这一点，但现在他正在逐渐获得这种了解。

第二段的内容非同寻常：

在一个健康婴儿生活中的很长一段时间里，只要他时常能够得到整合并感觉到某些东西，他并不介意自己是碎片化的还是一个整体，也不介意自己是活在母亲的脸上还是活在自己的身体里。

（p.150）

这句话的独特之处不仅在于它提出的思想的独创性，而且也在于这个句子的句法结构本身也在感官层面上参与了对这些思想的创造。这个句子是由许多（我数了一下有十个）组词语组成，每组词之间在阅读时会产生极短暂的停顿（例如，在"时间""生活""介意"等词语之后停顿）。这个句子不仅用语言描述了，而且通过句子结构本身，以一种可以感知的方式鲜活地呈现了：（持续很长一段时间的）碎片化的生活体验，以一种曲折的方式，最终（转瞬即逝地）聚拢在两点："得到整合"和"感觉到某种东西"。这个句子的读音、语法、节奏，以及精心选择的词汇与表达方式——与正在发展的观念一起——创造了一种温尼科特独有的阅读体验，就像《喧哗与骚动》的第一段一看就是福克纳的作品，或者《贵妇画像》的开头句就是亨利·詹姆斯独有的风格。

读到这个句子的读者不会想到去质疑，温尼科特怎么可能知道一个婴儿的感受，也不会去指出处在分析中的儿童或成人（无论是精神病性的、抑郁的或相对健康的病人)的退行与婴儿期体验之间的关联性常常是高度不确定的。相反,读者倾向于暂时停止怀疑,(与温尼科特一起)进入阅读体验,并让自己被语言和思想的旋律所支配。读者(在阅读过程中)产生的体验类似于这个想象中的婴儿,他不介意自己是否是零碎的(体验到伴随着非线性思维的飘浮感)或者作为整体存在[体验到一种"混乱中的短暂稳定"(Frost,1939,p.777)]。温尼科特的作品,就像一个"知道你迷路了却只是放在心里不说出来"(Frost,1947,p.341)的向导,使我们永远无法找到正确的方向,然而我们并不介意。

　　或许是不经意地,"介意"这个词在这里是一个双关语,从而使得"一个孩子不介意自己是碎片化的还是一个整体"这个子句具有彼此有交叠但有所不同的双重含义。婴儿"不介意",因为母亲在那里"介意"他(照顾他)。而且他"不介意"是因为他没有感觉到需要他去"介意"的压力,"介意"的意思是去过早地产生防御性的意识,这种意识会导致与自己的身体体验失联。这里的文字本身通过双关,巧妙自然地创造了这样一种愉悦的体验:不用介意,不必了解,不必确定含义,相反地,只要简单地享受通过语言和思想传递的美好体验。

　　温尼科特用来描述婴儿整合的语言令人称奇,因为整合在一起的那个"地方"根本不是一个地点,而是一种行为(感觉到某些东西的行为)。而且,婴儿"整合到一起"时并不是简单地有所感受,而是"感觉到某些东西"(p.150)。"某些东西"这个词有一个令人愉快的含糊之处:"某些东西"指的是一个具体的东西,被感受到的那个东西;与此同时,"某些东西"又是最不确定的词语,只能表达有某种感受被体验到了。这种精妙的含义模糊为读者创造出了这样一种阅读体验：婴儿那忽隐忽现的感受世界，那个只是松散地与客体关联、松散地定位的世界，时而被体验为纯身体的无关客体的感官感受，时而被体验为更加明确或定位清晰的对于客体的感官感受，时而又体验为在母亲的脸上。[1]

　　这种意想不到的转折，这种无声的变革在这篇温尼科特早期的论文中数不胜数。然而，我仍然无法抗拒在这一刻对温尼科特——一个儿科医生和儿童精神分析师——表示惊叹，他是如何轻松地抛弃了这50年来的精神分析文献中所积累的技术语言，而用他正在描述的体验中随处可见的语言取而代之[2]：

　　婴儿有平静状态和兴奋状态。我觉得一个婴儿刚开始并不知道，在床上感觉不错的他或者享受着沐浴时的皮肤刺激的他，和那个尖叫着要求立即满足的他或者不给奶喝就想要破坏什么的他是同一个人。这意

1　这里单词"有些东西"在句子中所起的作用让人想到弗罗斯特用一些名词营造出既神秘又朴实无华的感觉，例如，在诗句"有一种东西，可能不喜欢墙"（1914，p.39）中，或者"人们不得不熟识一些乡村事宜，不再相信月亮女神的哭泣"（1923a，p.223），或者"那洁白的东西是什么？是真相？是石英？只一次，便成真"（1923b，p.208）。

2　当然，我并不是说温尼科特有计划地，甚至不是有意识地使用头韵、语法、节奏、双关等方式来产生特定的效果（像有些诗人那样事先计划好他将使用的隐喻、比喻、韵律、节奏、格律、句法结构、措辞、典故、句子长度等）。写作这件事似乎有自己的生命。创造性阅读的其中一项"权利和特权"，当然也是乐趣之一，就是试图理解在一段写作中正在发生的事——无论作者是否有这个意图或者是否认识到这一点。

味着,他一开始并不知道,他通过平静状态经验的积累而逐渐构建起来的母亲,与他心中想要摧毁的乳房背后的力量是同一个人。

（p.151）

婴儿有安静状态和兴奋状态——每个和婴儿共处过的人都知道这一点,但是为什么没有人写出这样的句子呢？宝宝感觉到"这个和那个"(这里的语言有种轻松悠闲感,正如这时候婴儿的身心状态也很轻松),并且享受"沐浴时的皮肤刺激"[在安静状态]的他"并不知道"……"和那个尖叫着要求立即满足"的他是同一个。而且,这里用这毫不唐突的"S"作为头韵——一个句子中用了16个S开头的单词——他选取的这些单词都有着广泛的含义："状态"(states),"开始"(start),"皮肤"(skin),"刺激"(stimulation),"同样"(same),"尖叫"(screaming),"满足"(satisfaction),"有些事"(something)和"被满足"(satisfied)……通过这个方式,最大限度地抓住了同时存在的不连续的感觉/意义状态和潜在的身份连续性。

温尼科特接着写道：

另外我认为,一个孩子的睡眠状态和清醒状态并不必然是整合的……一旦梦被记住,而且以某种方式投射给第三者时,两种状态间的分离就被打破了一些,但有些人从来都记不清楚自己的梦,而孩子们很依赖大人去弄明白他们的梦。幼龄儿童有焦虑的梦和夜惊是正常的。有这些梦的时候,孩子们需要有人帮助他们记住梦的内容。当一个梦被梦到并被记住的时候,是很有价值的经验,因为它代表着分离状态被打破了。

（p.151）

这段文章里温尼科特谈到,对孩子来说将自己的梦"以某种方式投射给第三者"是多么重要的经验。每当我读到这一句时,都会感到震惊和困惑。我试图弄明白当梦(这时还不是这个孩子的创造物或所有物)"以某种方式投射给第三者"时,这明显是两个人的经验中的第三者是谁。这个第三者是父亲缺位时的象征性存在吗? 也许是,但这种想法更像思想与身体感觉——与孩子进行言语或非言语交流时体验到的鲜活的感觉——脱离的体验。梦可以在不经意间进入对话或游戏,有时候甚至是悄无声息的,因为在孩子拥有这个梦之前,孩子就是这个梦。从这个角度看,三个人指的是梦中的孩子、醒来的孩子和成人。这个解释是通过语言的暗示得出的,但是读者如果想要得出这个解释,必须让自己充满想象力地进入阅读体验。这段话悄悄地向(而不是讨论着)读者/孩子传递困惑:当孩子把梦投射给成人的时候到底有几个人在场? 读者体验到这样一种感受:孩子被分成了两个人但却不自知,直到有一个成人来帮助他"弄明白(那个正在成为他的)"(p.151)的时候才注意到这一点。"弄明白"他的梦——这种表达方式是温尼科特独有的,其他人都写不出这样的话。这句话包含的隐喻是一个成年人"介绍"一个醒着的孩子初次与他的梦会面。在这个想象的社会事件中,不仅是醒着的孩子得知自己拥有梦中的生活,而且他的潜意识也得知"它"(在健康状态下,这个"它"持续地处在变成"我"的过程中)有一个"醒时的生活"。

这段隐喻性语言,举重若轻地承载了重要的理论意义。首先,就像弗洛伊德所说的那样，潜意识"是有生命的"（1915c，p.190），因此"弄明白"自己的梦的重要性不亚于潜意识和前意识心理在"交界处"开始进行健康的交流。当清醒的孩子和梦中的孩子相互熟悉时（即孩子开始体验到拥有清醒生活和梦中生活的他是同一个人），梦中的体验不再那么陌生（自己像是其他人一样），因此也就不那么可怕了[1]。

也许可以说，当一个梦被梦到并被记得的时候，意识-前意识和"穿越压抑的屏障"的部分潜意识之间的对话增加了。但是，当我们这样用术语来表达时，温尼科特写作的美妙之处就更加明显了。温尼科特所用的语言，与前意识、意识、潜意识、压抑等名词式语言形成鲜明对比，似乎都是动词："感觉到某种东西""弄明白他们的梦""尖叫""拥有"。

温尼科特讨论了婴儿在早期经验中如何（以健康的方式）将零碎状态（未整合）的生活体验和各种形式的分离状态（如做梦时的状态和清醒状态的分离）汇集到一起后，他转而讨论婴儿与外部现实关系的最初体验：

> 谈到婴儿和母亲的乳房（我并不是说乳房是承载母爱的核心），婴儿有着本能的渴望和掠夺性的想法。母亲有乳房和产生乳汁的能力，并且有着愿意被一个饥饿的婴儿袭击的念头。直到母亲与孩子活在同一段体验中，这两种现象才彼此产生联系。母亲的成熟和身体上的能力还必

---

1 即使作为成年人，我们也从来都未能完全把清醒状态和梦的状态体验为都是自己作为同一个人的两种不同形式的体验。这一点反映在我们谈论梦时运用的语言之中。例如，我们说"昨晚我有一个梦"（这发生在我身上），而不是"昨晚我制造了一个梦"。

须结合忍耐力和理解力,这样她才能营造一种可能产生幸运结果的情境,在这个情境中婴儿能第一次与外部客体(从婴儿的角度看是自我之外的客体)联结。

（p.152）

这段语言所表达的意思远不止于表面看到的。"婴儿(在这个时候)有着本能的渴望和掠夺性的想法。母亲(有着独立于婴儿的内心生活)有乳房和产生乳汁的力量,并且有想被一个饥饿的婴儿袭击的念头。"本能的渴望、掠夺、能力、袭击——这些词语的严肃性(和激烈程度)在刻意夸张的意象里反而发挥了诙谐幽默的作用。一个有"掠夺性的想法"的婴儿,让人联想到诡计多端的罪犯却兜着尿布的形象。类似地,一个想要"被一个饥饿的婴儿袭击"的母亲滋生了这样一个母亲的形象:她(硕大的乳房充满了乳汁)在夜间穿过昏暗的小巷,希望被一个极其渴望乳汁的婴儿暴徒猛烈攻击。这样的语言既严肃又有趣(有时甚至是荒谬的),创造了一种母亲和婴儿内部状态互补的感觉:但这只是一种平行的互补性,还没有相互联系起来。

在随后的句子中,我们会看到温尼科特对精神分析理论的最重要贡献之一,一个极大地影响了随后65年的精神分析思想史的观点。在我看来,这个观点在这里所呈现的,比它后来更为大家熟悉的形式具有更丰富的含义:"直到母亲与孩子活在同一段体验中,这两种现象(婴儿掠夺性的冲动和想法与母亲想要被一个饥饿的婴儿袭击的本能冲动与愿望)才彼此产生联系"(p.152)。

"活在同一段体验中"——这里让人意想不到的是"活在"这个词。

母亲和孩子不是一起"加入""分享""参与"或"进入"一种体验：他们活在同一段体验中。在这个短语中，温尼科特暗示（虽然我认为他在写这篇文章的时候并没有完全意识到这一点），他正在通过改变关于人类心理学的最基本概念，改变着精神分析的理论和治疗关系。对身心发展最重要并且贯穿终身的不再是欲望和调节欲望[弗洛伊德]，爱、恨、修复[克莱因]，或是客体追寻和客体关联[费尔贝恩]，而是，温尼科特在这里第一次展示的这种观点：从一开始，心理发展的核心组织线路就是活着的体验以及存在连续性中断的影响。

在这段文字中，温尼科特使用语言的特定方式对于形成意义的本质是至关重要的。在"活在同一段体验中"这个短语中，"活在"是一个及物动词，"体验"是它的宾语。"活在同一段体验"是一种行为，表示对某人或某物做了什么事（就像击球的行为是对球做了某些事情一样），而这里的行为是为体验注入生命。只有当我们把它活出来（而不仅仅是在操作意义上拥有它），人类的体验才会有生命。母亲和孩子只有各自都去对体验做某些事情，也就是说一起活出这个体验（一起不仅意味着同一时间，而且还指他们能够对对方活在体验中的行为进行体验和做出回应），彼此才有了联系。

这段结束的句子是："母亲的成熟和身体上的能力还必须结合忍耐力和理解力，这样她才能营造一种可能产生幸运结果的情境，在这个情境中婴儿能第一次与外部客体（从婴儿的角度看是自我之外的客体）联结。"（p.152）。这里隐含的悖论是这样一种观点：一起活出一段体验是为了帮助母亲和婴儿分开（从婴儿的角度来看，让他们作为独立的个体"相互联系"）。这种悖论是幻象体验的核心："我认为这个过程就好像是两条线相对而行,彼此趋近。当它们重叠时,就会有瞬间的幻象——一小片经验,让婴儿既可以体验为是自己的幻觉,也可以是属于外部现实的东西"(p.152)。

当然,这里所介绍的就是温尼科特(1951)后来称之为"过渡现象"的概念。"瞬间幻觉"是母亲和婴儿心理"重叠"的时刻——在这一刻母亲与婴儿一起活出了某种体验,在这个体验中母亲主动地/潜意识地/自然而然地将自己作为一个客体提供给婴儿,这个客体对婴儿来说可以同时体验为是他的创造(一种没有被注意到的经验,因为一切都是意料之中的)以及他的发现(一个在他自我意识之外的世界中具有他异性的事件)。

换句话说,当婴儿兴奋时就会冲向乳房,并准备幻想出适合被他攻击的东西。在这一刻,真实的乳头出现了,而婴儿能够把这体验为是他幻想出来的乳头。于是,他的想法被视觉、感觉、嗅觉(或他看到的、感受到的、闻到的)的真实细节所丰富,并且可以在下次幻想时使用这些信息。通过这种方式,他开始发展出用意念召唤出真实存在的东西的能力。母亲必须持续为婴儿提供这种体验。

(pp.152-153)

温尼科特试图描述的(并成功地用他的语言捕捉到的)不但是一种体验,而且也是一种比其他体验方式更轻盈、更加充满活力的体验方式。温尼科特最初提出这种体验方式时,是把母亲和婴儿比喻成"倾向于彼此趋近"(p.152)的相对而行(一条来自魔幻世界,一条来自基于共识的现实世界)的线条(或者生命?)。"倾向于"这个词在概率事件的含义下意味着是不被预期的(也许有着不被欢迎的意思)。这对于进入"现实世界"的开端事件而言,是否有一点讽刺意味呢?

对于温尼科特来说,提供母性养育比创造一个让婴儿可以同时进入外部现实、内在现实和幻觉经验的心理-人际领域要复杂得多。母亲在这个阶段的任务还包括保护"她的婴儿远离它尚不能理解的复杂状况"(p.153)。"复杂状况"是这个句子中新提出的一个词。在温尼科特的文章里,"复杂状况"一词具有一套相当具体的含义,它们与相互纠缠的内部和外部刺激的交汇有关,而这种相互纠缠的关系超出了婴儿的理解能力。几年之后,温尼科特谈到母亲要尽力"不要引入超出婴儿能够理解和承受的复杂状况"时补充说:"她尤其应该尽力让她的宝宝免于巧合状况"(1949,p.245)。"巧合状况"这个词比"复杂状况"更丰富、更高深莫测,它在西方神话和文学中长期以来一直是一个棘手的字眼(索福克勒斯版本的"俄狄浦斯神话"呈现了"巧合状况"可能带来的毁灭性后果的众多实例中的一个)。

温尼科特并没有解释他想通过"巧合状况"和"复杂状况"表达的意思,更没有解释如何保护婴儿免于这二者的侵袭。他用模糊而神秘的语言避免了用知识填满空间,而是开辟了一个可以让人去思考、想象和鲜活地去体验的空间。有时,我觉得一个对"复杂状况"和"巧合状况"(按温尼科特使用/创造它们的方式)有用的解读是这样的:婴儿需要远离的巧合状况或复杂状况,指的是,在婴儿的内部和外部现实刚刚开始分化时,某些事件巧合地同时发生在他的内部和外部世界中。例如,当饥饿的婴儿对母亲的等待超过他能容忍的时间时,可能会感到既恐惧又狂怒。而他的母亲此时可能会因为与婴儿无关的原因而感到心事重重和心烦意乱——可能是因为她与丈夫发生的争吵，或是她害怕生理上的痛苦是严重疾病的信号。这里内部事件（婴儿的饥饿、恐惧、愤怒）和外部事件（母亲在情感上的缺席）的同时发生是婴儿不能理解的巧合状况。他通过想象自己的愤怒和掠夺性冲动杀死了母亲来理解这个巧合。之前那个想要被饥饿的婴儿袭击的母亲已经不在了，取而代之的是一个没有生命的母亲，她被动地让自己被饥饿的婴儿袭击，就像那等待秃鹫食用的腐肉。

"巧合状况"使得婴儿通过"我杀了她"这样的全能幻想，把正在形成的外部世界重新拉回到自己的内部世界中，从而防御性地让自己的经验获得一定程度的秩序和控制。相反地，当母亲和孩子能够"活在同一段体验中"时，孩子的内心世界的活力会被外部世界认可并与外部世界（母亲与他活在同一体验中的行为）接轨。温尼科特并没有明确说出这些观点，但它们就在那里，等待着读者去发现/创造。

这里需要注意的是，温尼科特对于读者可能进行的创造提出了警告。温尼科特的所有作品都暗示，创造力不能高于一切。当创造性与现实性——与"接受外部现实"（p.53）——脱节时，它不但毫无价值，而且是致命的（对婴儿而言真的会致命）。一个永远只会幻想他的需要的婴儿会被饿死；一个读者如果与作品失去联系将无法从作品中学习。

温尼科特关于婴幼儿接受外部现实的最早体验的构想，不仅内容很精巧，表述方式也同样美妙：

接受外部现实的结果之一是从外部现实中获得的好处。。我们经常听到外部现实带来的非常真实的挫折感,但却不怎么能听到它所带来的安慰和满足。真实的乳汁比想象中的乳汁更令人满意,但这不是重点。重点是幻想中的事物是靠魔法运转的:幻想中没有刹车,爱与恨会有惊人的后果。外部的现实可以刹车,还可以被研究和了解,而且,事实上,只有在客观现实被很好地承认的情况下,才有可能充分地包容幻想。主观世界具有巨大的价值,但因为它是如此令人惊惧和魔幻,所以除非作为与客观世界平行的存在,否则它是无法被享受的。

（p.153）

这是一段很有力量的文字。在承认了不言而喻的事实之后("真实的乳汁比想象中的乳汁更令人满意"),这段话似乎在句子的当中断开:"但这不是重点。重点是幻想中的事物是靠魔法运转的:幻想中没有刹车,爱与恨会有惊人的后果。"在这些句子中,外部现实不仅仅是一个抽象的概念,它通过语言鲜活地存在着。通过这些词语发出的声音,你能感觉到它的存在—— 例如,"刹车"这个词带来的,在浓雾中的冰冷的金属质感的声音(让我想到的画面是:一辆火车的车轮被戛然卡在铁轨上发出刺耳的声音)。一辆无法停止的机车这个隐喻(暗含在"没有刹车"的隐喻中)在随后的句子中得到进一步的阐述:"爱与恨会有惊人的后果"。爱与恨都没有主语。隐喻中的机车不仅没有刹车,也没有驾驶员(或技术人员)。

在紧接着的这个句子前半部分的克制和频繁停顿中,我们能感受到外部现实的调节作用:"外部的现实有刹车 [–],还可以被研究和了解 [–],而且 [–],事实上 [–]……"(p.153)。随着节奏放缓,句子(以及对内部与外部现实的体验)以更流畅(但不是平淡无奇)的方式展现开来:"只有在客观现实被很好地承认的情况下,才有可能充分地包容幻想。"

在"原初情感发展"中,温尼科特一次又一次地回到幻象这一主题,每次的角度都略有不同。在运用文字捕捉婴儿的幻象是一种怎样的感觉时,他有着无与伦比的能力。例如,在文章后面再一次回到这个主题时他说,要产生幻象,"必须在婴儿的幻象中以及在外部现实中同时发生与外部现实或共享现实的接触,而婴儿在瞬间的幻象中把这二者看作一回事,但实际上这二者从来都不是一回事"(p.154)。要做到这一点,就得有人"一直(即便她渴望一小时的睡眠也不行)煞费苦心地(这里的写作以简单而精妙的方式承认了这样一个事实:作为婴儿的母亲意味着有很多的工作和很多的麻烦)采用有限的方式,以婴儿可以理解的形式,(不能有太多的复杂状况和巧合状况)把世界呈现给婴儿,满足他的需要"(p.154)。构成这个句子的从句堆砌了一个又一个的要求,母亲必须达到这些要求,婴儿才能创造幻象。如果说这是一场关于幻象的表演,为了保证婴儿可以在管弦乐手的位置上享受这场演出,母亲所做的那些努力就是保证演出必需的繁重的后台工作。在演出里看不到一丝一毫为了创造和保护这场演出所做的脏活累活的痕迹。

用后台和管弦乐手的位置所看到的不同幻象做对比,我认为这样的幽默在温尼科特的作品里比比皆是。刚刚引用的段落(好像是对作为婴儿的母亲的工作职责描述)和紧接着的段落(它捕捉到了一个孩子看到魔术表演时所有神奇和震惊的感觉)的并列几乎不可能是巧合:"幻象的主体……会有助于理解孩子对泡沫、云朵、彩虹及所有神秘现象的兴趣,以及对无关紧要的小东西的兴趣……这里大概也包括对呼吸的兴趣,它绝不会去决定这些主要来自内部还是外部"(p.154)。在所有的精神分析文献中,我从未看到过可以与之比拟的表达:当孩子对外部现实的坚定把握使得全面幻想变得安全时,通透而神奇的幻想体验变成一种可能。

结　论

　　这是温尼科特的第一篇重要论文,在这篇文章里,他安静而低调地挑战了将写作视为达到目的的主要手段的传统观念。通过这种手段,精神分析资料和观点被投射给读者,就像电话和电话线路通过电脉冲和声波传输声音一样。有些精神分析师极力反对这样一种观点:作为精神分析师,我们的体验及理解这些体验的想法和我们创造 / 传达它们所用的语言是密不可分的。分析师之间的话语(无论是书面的还是口头的)将永远受限于我们在观察和思考分析工作时的凭印象的、不精确的描述,对这些反对者来说,承认这一点是令人失望的。而对另一些分析师来说,我们的观察与想法,与我们用来表达它们的语言密不可分,这是一个激动人心的观点——它包含了生活与艺术之间难分难解的相互渗透,不是一方高于另一方,也不是一方控制另一方。活着(不只是生理意义上的)就是一个持续创造自己的产物的过程,这些创造物可能是思想、情感、身体运作、感知、对话、诗歌或精神分析文章。在表达这种生活和艺术相互依存、相互赋予生命的关系方面,温尼科特作品呈现的智慧是无与伦比的。

第六章　阅读比昂

　　比昂的作品很难懂：往往是晦涩的，经常令人(抓狂地)困惑，而且总是神秘莫测；并且，我发现当我试图用自己的语言重述他的话时，常常会感觉失去了他思想中最重要的部分。我将在此给出我多年来形成的关于如何阅读比昂的著作的一些想法，希望借此可以帮助读者找到你们自己的方式来阅读比昂的著作。在我阅读比昂著作时最重要的，或许是我试图带入其中的心理状态——在这种心理状态下，我完全接受在我看来也是比昂看待自己作品的方式：他不是致力于被理解，而是试图对读者自己的思考起到催化剂的作用。

　　我在阅读比昂时引入的第二个指导性理念是，将比昂的著作看作由两个阶段构成，我分别称之为比昂的"早期"著作和比昂的"后期"著作。在我看来，这两个阶段的写作分别基于一套关于精神分析的假设，这两套假设有重叠但又显著不同。这两个阶段的作品需要以不同的方式去阅读，产生的阅读体验也很不同。我认为，如果读者将比昂的早期和后期著作看作持续展开的同一套关于心理发展的连续的理念，将会导致很多困惑。我认为，尽管他的后期著作与其早期著作有相似的深度，但却是对其早期著作的彻底背离。我所说的"比昂的早期著作"，包括《从经

验中学习》(1962a)以及所有在此之前的著作;"比昂的后期著作"包括
《精神分析的要素》(1963)以及其后的所有著作[其中《关注与解释》
(1970)是这个阶段著作的代表]。

我这篇阅读比昂的文章将从阅读比昂著作的两个段落的体验开始,
这两个段落分别来自《从经验中学习》(1962a)和《关注与解释》(1970)。
比昂在这两段话中对他希望读者怎样阅读他的"早期"和"后期"著作提
出了建议。我这样做,并不是要试图得出比昂"真正的意思"是什么;我
感兴趣的是,我可以怎样应用——在临床实践中和理论上——我在阅读
比昂的早期著作和比昂的后期著作时获得的体验。基于比昂在他生命
最后十年中说过的很多话,我们可以得知,比昂无疑希望自己的著作以
这样的方式被阅读:"我做精神分析的方式,对于除我以外的其他任何人
都不重要,但它或许能够给你提供一些关于你怎样做精神分析的思路,
这才是重要的"(1978,p.206)。

在本章的最后一部分,我将提供对一个咨询小节的详细描述,并基
于比昂著作尤其是其后期著作中提供的视角,来讨论这里的精神分析
体验。

比昂谈阅读比昂的早期著作

在《从经验中学习》的序言中,比昂谨慎而耐心地向读者解释了他希
望读者如何阅读这本书:

　　这本书适合一口气读完,而不需要在起初感觉含义模糊的地方停下来琢磨。有些模糊之处是由于在写作上,不得不先假设我们已经了解了一个问题的某些部分,而这些部分在后文中才会展开阐述。如果读者一口气读完,这些部分会随着阅读进展逐渐清晰。不幸的是,还有些模糊之处是由于我不能够把它们讲得更清楚。读者或许会发现,费一番工夫自己去弄清楚是值得的,这不只是由于我作为作者没有做到而强加给他的任务。

(1962a,p.ii)

　　比昂在这段话中以一种极为简约的方式,提供了关于阅读他作品的一些想法。首先,读者必须能够容忍未知、迷失和困惑,坚持读下去。在这五个句子中,"模糊的""模糊之处"(用了两次)、"更清楚"和"弄清楚"(也分别都用了两次)这些词堆在一起。能够从经验中学到什么(或者无法学到),是需要读者在阅读中去亲身体验的——这种阅读体验不是简单地从模糊到清晰的"进展",而是处于一个模糊了又变得清晰、清晰了又变得模糊的持续过程中。比昂不无幽默和讽刺地建议说,读者"或许会发现"尝试自己去"弄清楚[模糊之处]是值得的",而"不只是由于我作为作者没有做到"。换句话说,如果读者不仅仅想要参与"简单地阅读"本书的过程,那他就必须或多或少地在比昂的书的基础上,作为作者去写他自己的书(他自己的一套想法)。唯有这样,读者才有可能从自己的阅读体验中学习。

　　比昂(1992)在写给自己的一条手记中阐述了,阅读这一行为本身是一种可以在其中经历和学习的体验。这条手记很可能是他在写作《从经验中学习》期间的一个"思考"。他说:"如果一本书不能成为学习的对象,对这本书的阅读本身不是一种情感体验的话,那么这本书就辜负了读者"(1992,p.261)。在另一处"思考"中,比昂表达了他"早期"对于精神分析写作的构想,并暗示了他希望自己的作品怎样被阅读。(下面我就将引用这段话,这段话在原文中紧跟在用一页半的简短篇幅描述的一次精神分析会谈之后,在这段案例描述中包含了对于比昂自己以及他的病人的情感体验的细致观察。)

我觉得自己无法向读者传递让我感觉是正确无误的描述。我更有信心做到的是让读者理解什么是我不得不忍受的,如果我能从读者那里抽取一个承诺说他会忠实地阅读我写下的每一个字,那么我将再另外写下成千上万个字,和我已经写下的对于这两个小节的描述一模一样。简而言之,我对于自己有能力告诉读者发生了什么不那么有信心,我更有信心的是对读者做一些我对自己做过的事情。我曾有一种情感体验,我相信自己有能力再次制造这种情感体验,而不是描述它。

(1992,p.219)

在这段优雅的文字中——比昂是个深奥难懂的作者,但不是个糟糕的作者——他将精神分析写作构想为,不是试图去描述,而是去制造一种类似于分析师在分析过程中有过的那种情感体验。在这段话中,以及在其之前的临床场景描述中,比昂在按照他说的去做:他在展示,而非描述。在之前呈现的临床工作中,那位"[在现实中]可能会杀人的"(p.218)

病人在咨询小节的末尾喃喃自语说,"我再也受不了了"(p.219)。比昂评论说," 这样的咨询小节似乎找不到结束的理由"(p.219)。(在最后这句话中,比昂站在病人的角度说话,传递了无论是这个句子还是这个小节都未明确说出,但二者都包含的含义:在一个精神病性的场域中,时间感消失了,结束是任意而又不在预期中的——而这,可能真的会引起谋杀。)

在这段紧接着临床描述的评论中,比昂成功地在语言中注入了他与病人在一起的体验。他想象自己写下关于"什么是我不得不忍受的"成千上万个字,并从读者那里"抽取"——一个鲜活的带有暴力胁迫色彩的词——"一个承诺"。"[读者]会忠实地阅读我写下的每一个字"的这个承诺被"抽取",发生于读者知道将会有大量的文字袭来之前,而这些文字对于比昂已经说过的话没有任何增益。这里,比昂想象中的阅读体验是一种折磨——永远不会结束,并可能在读者心里引出杀人的念头。比昂以这种方式制造了类似于他和病人在一起的情感体验,而不是"表现"(即描述)情感体验。描述精神分析体验会导致错误地呈现它,因为写作的情感视角位于体验之外,而事实上比昂的体验是基于分析事件的内部和外部视角共同作用而生成的:"我们[分析师]必须能够持有这些强烈的感受并且与此同时还能够在强烈的感受中继续清晰地思考"(Bion,1978,p.187)。

总而言之,比昂通过给出他希望读者怎样阅读《从经验中学习》,描绘了一种(在阅读过程中生成的)心理状态:既对鲜活的情感体验保持敞开,同时又积极地去澄清模糊之处并模糊清晰之处(即将它从封闭状态释放出来)。这些心智活动共同构成了《从经验中学习》的内涵中的重要部分,无论是在阅读时还是在精神分析中。此中核心是这样一种诠释学方法:在模糊和清晰之间渐进地辩证运动,朝向但永远不会达到终点。

不同语言的混杂

在审视阅读《从经验中学习》引发的情感体验时,我们无法忽略比昂使用的术语和语言的怪异性。他这样做的部分原因是,为了清除随着时间积累而附着在精神分析术语上的那些已经僵化了的和正在日益僵化的"联想的半影"(1962a,p.2),而代之以那些不曾因为原先的使用而被意义浸润的"无意义的术语"(p.3)(例如 α 元素和 β 元素)。但是,比昂写作的晦涩之处并非全部因为他试图摆脱既有意义的障碍生成全新的精神分析语言,在很大程度上也因为他将数学和符号逻辑领域的语言、记录体系和概念与精神分析语言混杂在了一起。

比昂一再地将他在《从经验中学习》中发展出来的这套理念称为"函数(功能)理论[1]"(p.2),并在该书前两章用大部分篇幅来解释他所说的函数(功能)是什么意思。比昂所说的"函数(功能)"是指一种心智运作

---

1   原文 function,在英文中兼有函数和功能的含义。比昂对这个词的使用跨越了这两层含义,将人格功能与数学函数连接起来。为了同时保留这两层含义,凡是涉及比昂这个理论的 function 一词,在本章中统一翻译为函数(功能)。但是,在其他章节,作者多次提到 alpha function,鉴于这个词在现有的大量中文译作中都翻译为 α 功能,故继续沿用 α 功能这一翻译。——译者注

（运算）形式，它将决定由这种心智运作所支配的所有心理事件的结果。在数学中，加、减、乘、除（以及微分和积分）都是函数。当我们说a+b=c时，我们是在说，当加法这个函数（由符号+指代）在运作时，我们就知道了a、b、c之间的关系。在《从经验中学习》中，比昂试图将精神分析思考从特定精神分析事件的具体细节中解放出来，以便找出少数几个核心的、大致类似于数学函数的精神分析函数（功能）。这种对精神分析任务的理论构想导致比昂写作的高度抽象化，以及他的著作中很少有临床材料。（比昂认为，如果还需要用五个橘子来呈现2+3=5，数学就不可能发展为一套逻辑思想体系。）

　　从"比昂早期著作"的视角来看，心智运作方式的核心是α函数（功能）的运作——这种函数（功能）将原始的感官信息（他称之为"β元素"）转化为有意义的体验单元（他称之为"α元素"），这些单元能够在思考过程中联系起来，并以记忆的形式储存。我曾在别处讨论过（Ogden，2003a），比昂认为，做梦是α函数（功能）的一种形式。并非意识和潜意识分化体现在做梦这件事情上，相反，是做梦这种心理活动/功能（因此其本身起到了维持心智健全的作用）产生了这种分化。如果一个人不能将原始的感官信息转化为体验的潜意识元素（α元素），那么他就无法做梦，无法区分醒时和梦里的生活，因此他就无法入睡也无法醒来："我们在临床情境中可以看到这种特有的情况，精神病人的表现就好像他正处在这样一种状态中"（Bion，1962a，p.7）。（参见Ogden，2003a，对于无法做梦的状态进行精神分析工作的一段详细的临床案例阐释。）

　　我选择了对比昂的函数（功能）理论做简要讨论，不仅因为它代表了比昂思想中一个至关重要的部分，而且因为它可以作为阅读比昂的早期著作所需要涉及的工作的一个范例。当比昂从数学和符号逻辑领域借用函数概念,并由此将精神分析理论的建立带到一个高度抽象的层面时,读者需要跟得上他。(这种阅读比昂著作的方式也非常适用于阅读他后期著作中的转化理论和网格图概念。)与此同时,他有意用α函数(功能)、β元素、α元素这些无意义的术语来代替熟悉的精神分析模型和术语(比如弗洛伊德的拓扑地形理论和结构模型、克莱因的偏执–分裂心位和抑郁心位概念)。不仅如此,好像这还不够让读者混乱似的,他还改变了读者自以为理解的那些日常用语的含义(比如,做梦、入睡和醒来的概念)。

阅读比昂早期著作的体验,就像以一种渐进的诠释学循环,在对模糊之处的澄清和对清晰之处的模糊之间来回摆荡。此外,从阅读这部著作中学习的体验,有点像《爱丽丝梦游仙境》。在阅读比昂时,整个精神分析世界变得大不相同,因为它确实是不同的了。(在精神分析理念"家族"中,)原先熟悉的词汇和概念变得陌生,而陌生的则变得"熟悉"。由于比昂的早期著作,我们今天的精神分析理论和实践发生了如此根本的变化,例如,他提出了病人攻击自己的意义生成系统(他的思考、感受以及做梦的能力)的理念;他构想了病人攻击分析师的涵思能力的概念;以及描述了分析师出于害怕和防御而攻击自己的以及病人的思考能力的反移情见诸行动的种种形式。

比昂谈阅读比昂的后期著作

为了讨论比昂的后期著作，我将再次利用他对于希望读者怎样阅读自己的著作所做的评论来作为进入他思想的入口——这一次，我要讨论的是《关注与解释》（1970）。阅读比昂的后期著作带来的一个问题在这本书开头他提供给读者的"建议"中马上变得显而易见。正如在比昂的早期著作中，阅读体验作为一种媒介使得如何从经验中学习这个主题鲜活地呈现了出来，在《关注与解释》中，鲜活的阅读体验[1]也同样被用于传递那些无法通过文字直接说出来的东西：

> 读者必须无视我说的话，直到阅读体验的"O"充分发展出来，到达一个临界点，在这个点上阅读这件事本身就能使他[读者]获得对经验的解释。过于重视我的文字，会阻碍我称之为"他成了他和我共同的O"的这个过程。
>
> （1970，p.28）

在这里，读者立刻被扔进了未知的水深火热之中，并且得到建议说，不要试图通过"过于重视我的文字"来逃避这种状态。而与此同时，

1　对体验进行思考和在体验中存在，这二者的不同是《关注与解释》中反复出现的主题，这尤其体现在，一个人无法通过对精神分析进行学习来成为分析师；他必须存在于精神分析中——包括作为被分析者和作为分析师——才能真正进入成为一名分析师的过程中。

有一个问题绕不过去:什么是比昂所说的体验的"O"？他试图用"物自身"(the thing in itself)"真相"(the Truth)"现实"(Reality)"那个体验"(the experience)这些术语来传达,他心目中的O的含义。但是,考虑到比昂也坚持说,O是不可名状、不可了知的,超越了人类的理解范围,这些名词也是一种误导,与O的本质相悖。通过将O引入精神分析词典,比昂并不是在提议说,在可理解的现实"背后"还有另一个现实。他指的是真实存在的那种现实,它不是由我们创造的,是先于我们存在并在我们身后继续存在,并且独立于一切人类试图去知晓、觉察或理解的行为。

这里比昂用来提出关于怎样阅读他后期著作的想法的语言,暗示读者最好带着消极能力[1]。不可知的事物只能通过它不是什么来界定:"读者必须无视我说的话",不要"太过于重视我的文字。"《从经验中学习》中给读者的"指令"部分地存在于这样一个理念,即读者必须放下他认为自己已知的,从而能够进入一个关于知道和不知道之间渐进的循环。而在《关注与解释》中比昂指令的焦点在于:彻底"无视"比昂正在说的话,因为执着于关于体验的陈述,会阻碍了读者进入阅读这件事本身[体验的"O"]。

读者被告知,如果他能够停留在阅读体验中,他的心理状态将会

1　capacities for the negative,出自英国浪漫主义诗人济慈。比昂进一步阐释了这个概念,用于指代一种开放的心理状态,有能力忍受未知所带来的痛苦与困惑,而不采用全能思维来制造确定感。——译者注

"使他[读者]获得对体验的解释"(p.28)。"体验"这个词在一个至关重要的方面有歧义：这个词既指代他(比昂)和病人在一起时的分析体验，这些体验是他的文字讨论的对象；同时也指代读者在阅读这些文字时的"体验"。比昂在分析中的体验不是通过对这些体验的描述来传递的，而是通过以某种特定的方式运用语言，将他在分析中的体验变成读者在阅读中的体验。如果这种写作在一定程度上能够达到预期效果，这两种体验——比昂阅读他的病人的体验和读者阅读比昂的著作的体验——二者各自不可还原不可言说的精髓，也就是O，就合为了一体("成为共同的")。读者"成了他[他的阅读体验]和我[比昂在给病人提供分析时的体验]共同的O"(p.28)。我意识到在上面的文字中，我已经使用了术语O但还没有给它下定义。我认为，这是我们能够有效接近O这个概念的唯一方式——通过允许它的含义随着文本的展开自行浮现出来(让它的作用被逐渐体验)。这些作用是转瞬即逝的，只在当下的瞬间存在，因为任何体验都无法被储存起来并供再次调用。我们允许体验(O)存在并被其改变。我们以自身的存在持有体验(O)，而不是通过记忆。

　　考虑到这段话强烈地支持"存在于[体验]之中"而不是"对于[体验的]谈论"，比昂在给读者的建议中选用"解释"这个词——"阅读这件事本身就能使他获得对经验的解释"——是令人意外的。但我们绕不过比昂所用的这个恼人的词"解释"，这个词毫无疑问是聚焦于分析师对于在病人和分析师之间发生的情感体验的真相的构想。我认为，比昂挣扎着想要传递的是，精神分析在本质上是这样一项事业，它涉及让不可象征化、不可知晓、不可表述的体验"浮现出来"(p.28)进入知晓（K）[1] 的领域。比昂所用的"浮现"这个词，是我们理解不可知晓、不可象征的体验（O）和体验的可象征、可理解的方面（K）这二者之间关系的核心。

　　浮现是"一种无法预料的体验"（摘自《牛津英语词典》）。那么，说到 O 和 K 之间的关系，K 的体验（即思考、感受、觉察、领会、理解、记住以及对身体的感知等体验）是"O 的演化"（p.27）。这种 O 的演化是"无法预料的"，就如同意识从大脑的电化学运作中浮现出来是完全无法预料的。通过研究大脑的生理结构绝对不可能帮助我们预测人类意识的体验。同样地，对于眼睛的生理结构及其与大脑的复杂连接的研究，也无法帮助我们预测视觉的体验。

　　"浮现"作为一个哲学概念，涉及在某一特定复杂度上的多股力量（例如多个神经元簇）交互作用，产生了全新的品质（如意识或视觉），而这些品质是无法通过研究这两种复杂度上的各个组成部分来预测的（Tresan，1996；Cambray，2002）。尽管没有任何证据表明比昂熟悉这一支（由一些英国哲学家在 20 世纪上半叶发展出来的）的哲学思想（McLaughlin，1992），我认为作为哲学概念的"浮现"，与比昂的理论构想中的 O 在可了解和"可感知"的体验（K）领域的"浮现"（p.28）或"演化"（p.27），是密切相关的。

1　K 是比昂（1962a）采用的一个符号，据我的理解，它用于指代的不是名词"知识（knowledge）"（一组静态的理念），而是"知晓（knowing）"（或者是试图去知晓的过程），即努力对某种体验的真相（O）保持开放接收，并赋予其可理解的形式（无论多么不充分）。

与O在K中可以被了解的演化/浮现不同,体验本身(O)只是存在着。适合用在O这个符号后面的唯一动词就是存在;在O中的体验是存在和逐渐成为[1]的体验。解释作为一种逐渐成为的行动,贴近"真实"(O)并允许自己被其塑造。我们会从音乐中听到、从雕塑中看到、从某个精神分析解释或从梦中体会到真相。我们无法说出它是什么,但是,以雕塑为例,雕塑家创造出的美学姿态将欣赏者引向O;在精神分析中,分析师和被分析者以言语和非言语的形式创造出"一些东西"(诸如解释这样的分析对象),这些东西是从当下情感体验的真相中浮现出来的,并指向这个真相。

就一个特定的分析师与一个特定的病人在分析中的某个特定时刻产生的情感境遇来说,O(那个真相)具有高度的特定性。与此同时,那个真相(关于那个体验的O)也指涉一种全人类共有的真相,从"我们所不知道的过去……[到] 整个现在……它包裹我们所有人……[直至]尚未创造出来的未来"(Borges,1984,p.63)[2]。关于这些普世真相的O,通过我们的存在浮现出来,并构成我们的存在,它贯穿所有时间,因为真相和时间的相关只是一种偶然。在这个意义上,O是一套未曾言说的、普世的人类真相,我们以这种方式生活,但却不自知;我们在音乐和诗歌中听到它,却无法命名它;它是我们在梦中的样子,但我们却无法通过讲述

1　存在:being;逐渐成为:becoming,指存在的动态形式,逐渐成形和作为存在显现出来的过程。

2　比昂和博尔赫斯都认为,未来已经在当下以"尚未知晓的样子"呈现(Bion,1970,p.11);未来将自己的影子向后投影到当下(Bion,1976;Ogden,2003b)。

梦来传达它。

　　O是"存在于当下这个瞬间"的状态,这个瞬间"太过短暂而无法感知,/太拥挤、太混乱—/太过短暂而无法想象"(Frost,1942b,p.305)。由于我们想要保护自己免于暴露在短暂当下的炫目强光下这样一种可以理解的人性愿望,我们存在于当下的能力受到了"阻隔"。为了逃离当下瞬间的O,我们躲在记忆的影子里寻求庇护。记忆让我们认为它是已经存在的东西,所以以为自己知道,我们将过去投射到未来。

　　考虑到上述这些原因,由阅读比昂的后期著作的体验(或者由和一位病人做分析的体验)所"产生"的解释,将会不可避免地令人失望,并带有一种丧失感,这并不令人感到意外。比昂(1975)观察到解释通常伴有一种抑郁感(我会说是悲伤感)。由于解释而丧失的,是关于情感体验的真相的一种无法言说、难以表达的质感。文学批评家莱昂内尔·特里林(Lionel Trillin,1974)在回应"《哈姆雷特》这出戏剧的意义是什么"这个问题时说:《哈姆雷特》不具有"任何《哈姆雷特》以外的"意义(p.49)。《哈姆雷特》就是《哈姆雷特》;O就是O;"很遗憾,世界是真实的;很遗憾,我是博尔赫斯"(Borges,1962,p.234)。

　　总之,比昂的后期著作要求我们采取与阅读他的早期著作大不相同的阅读方式。阅读他的早期著作会体验到这样一种循环:模糊之处被逐渐澄清;然后这些清晰之处又引发新的困惑,需要进一步澄清,来获得(更深度的)清晰连贯的阅读体验,如此往复。这种辩证往复的整体"形态"是朝向各种意义群集的汇聚,但永远无法达到那里。与此同时,阅读比昂的早期著作会强烈地体验到怪异的才华和才华横溢的怪异——例如,他提出的β元素和α函数(功能)的概念、无法入睡也无法醒来的理念，以及将数学概念引用到精神分析中。

比昂的后期著作则提供了一种大不相同的阅读体验。如果说阅读比昂早期著作的体验是一种迥然不同的多元意义群集逐渐朝向聚合的移动，那么阅读比昂后期著作的体验则是朝向对意义无限展开的移动。在阅读比昂的后期著作时，我们必须将自己推至极限，尽可能地对阅读中产生的任何体验都保持积极开放的状态。。如果说阅读比昂的早期著作是一种从经验中学习的体验，那么阅读比昂的后期著作的体验则是将自己从有意识地运用已经从经验中学到的东西的状态中解放出来，从而能够对尚处于未知中的一切保持开放："对于你 [分析师]已经准备好的部分我们不需要再说什么了；对于你已知的，你已经知道了——我们不需要再为此操心了。我们需要面对的是所有那些我们还不知道的"（Bion，1978，p.149）。

现在，我将以两个简短的评论来作为本节的总结。首先，我们或许可以说，阅读比昂早期著作和阅读比昂后期著作的这两种体验，相互之间处于一种辩证性的张力中。然而，基于我上面的讨论，我认为更准确的说法是，这两种阅读体验在本质上是截然不同的。它们从不同的"顶点"（Bion，1970，p.93）进入同一种体验（无论这种体验是指与病人在一起的精神分析体验，还是阅读一个描述精神分析体验的文本）。这二者互为补充，而不是否定彼此。

其次，在阅读比昂后期著作时，很重要的一点是，要记住 O 不是一个哲学、形而上学、数学或神学的概念；它是一个精神分析概念。比昂的全部兴趣都集中在精神分析体验：他只关心分析师的任务——超越自己的已知，从而能够与当下那个时刻的精神分析体验的 O 合一。在他构想的心灵的精神分析状态（涵思）中，分析师让自己尽可能开放地去体验真实，并尝试找到合适的语言来向病人传达关于这种真实的某个方面。分析师的自我超越本身并不是目的，对病人也并无用处；分析师的任务是，就分析中某个特定时刻浮现出来的情感体验说出一些"相对真实的"（Bion，1982，p.8）话，供病人在意识或潜意识层面加以利用，来达到心理成长的目的。

一段分析体验的前言

在以临床案例阐释我前文讨论的这些理念在精神分析实践中的应用之前，有必要先引入另一个（来自比昂的后期著作）概念，这个概念在我看来可以作为一个重要的桥梁，在比昂对心理运作方式的构想与精神分析过程的体验层面这二者之间建立联结。我说的这个概念是指比昂在《关注与解释》中对两种不同类型的记忆所做的区分：

我们都很熟悉回忆梦境的经历；这和有些梦会不请自来地进入心灵然后又神秘地偷偷溜走是完全不同的体验。这种体验的情绪基调并不是梦所特有的：想法也会不请自来，突然出现，确定无疑，似乎是令人难忘的清晰，然后又消失了，不留下任何可以追溯的踪迹。我把"记忆"这个词专门用于指代那些有意识地努力去回想的体验。这[有意识地努力去回想]体现了一种恐惧，害怕某些东西，比如"不确定、神秘、怀疑"，将会闯入。

（1970，p.70）

比昂认为，"记忆"是一种由焦虑驱动的对心灵的使用，它会干扰分析师去接收当下这个时刻活现的情感体验的真相，即那个体验的O的能力。而与此不同的是，

> 梦样的记忆是心理现实的记忆[不请自来地进入心灵的记忆]，是精神分析的素材……梦和精神分析师的工作材料都具有梦样的性质。

（ibid.，pp.70−71）

因此，当分析师真正在做精神分析工作时，他不是在"记住"，也就是说，他不是在做有意识地努力，通过将自己的关注投注在过去来知晓/理解/构想当下。他在以一种"梦样的"方式来体验精神分析——他在梦出这个分析小节。一位去找比昂督导的分析师（1978）评论说，她觉得比昂的观察是那么有价值，因此她担心自己不能将这些评论全部记住。比昂回答说，他不希望她记住自己所说的任何话，但是如果有一天，在某个分析小节中，就像一个梦突如其来地被回想起来那样，她和比昂的讨论中的某些片刻会突然回到她内心，并且这种梦样的记忆有助于她说出某些话，令病人能够加以利用，那么他将会感到很高兴。

谈不做"一名分析师"

在预约初始访谈的电话中，B先生告诉我他不想要做精神分析。在初次访谈中，他重申了自己不希望做精神分析的想法，并补充说，他曾在

大学里因为失眠问题见过几次"学校的心理医生",但他不记得那个人的名字了。我决定不去要求B先生澄清,他所说的"精神分析"是什么意思,以及他为何对此那么抵触。我决定不做这样的干预,是基于一种感觉。如果这么做,意味着忽略这位病人很努力地想要告诉我的事情:他不希望我做没有名字的"一位分析师",一位以和其他病人相处的经验而形成的方式来为人处世的分析师。在我和这位病人的工作中,我不应该是我认为我是的样子,也不是我在此之前和其他任何人在一起或者和我自己在一起时的样子。

在初次访谈的末尾,我向他提供我们在本周晚些时候可以会面的时间。B先生打开他的记事簿,告诉我哪个时间对他来说是合适的。在接下来的几个月里,我继续用这种方式每次预约下一次会面的时间;这在那段时间似乎很适合B先生。在头几个月中,一个每天会面的日程逐渐建立起来。在第二或第三次会面中,我告诉B先生,我认为他使用躺椅可能对我来说是最好的和他工作的方式,于是我们在接下来的会面中开始使用躺椅。B先生告诉我使用躺椅有点奇怪,但他觉得也适合他。

这位病人在一开始几乎很少谈及他当下的生活处境,包括他的年龄。他提到过他太太,但我不清楚他们结婚多久了,那是什么样的婚姻,他们是否有孩子,等等。我完全没觉得想要去问;比起我去问他所能获得的东西,他和我在一起的方式,以及我和他在一起的方式,在那时候似乎是更为重要的交流方式。有时候,当我偶然问一个问题,这位病人会礼貌而诚恳地回答,但好像这些问题和回答只会让B先生和我偏离在潜意识层面相互把自己介绍给对方这个任务。

这位"病人"——这是个奇怪的称呼,因为B先生并不是我熟悉的那种意义上的病人——从未告诉过我他为何来见我。我认为他自己也不知道。相反,他告诉我关于他生活事件的"故事",这些事件对他来说是重要的,但讲述这些事件并不是在阐释他需要向我寻求帮助的某种困境或者某种形式的心理痛苦。我觉得他的故事很有趣:B先生不断地让我吃惊,他将自己描述为以一种全然不自知(而又讨人喜欢)的方式而有些脱离现实的一个人。例如,他告诉我,当他念四年级时,班上新来了一个女孩L,当时她才搬到他长大的那个镇上。她父亲在前一年过世了,对于这件事B先生感到"引人入胜而又神秘难解。"他和L变得对彼此非常依恋;他们的关系持续到整个高中并延续到他们进入大学后的第一年。这段关系"非常强烈,如暴风骤雨般"。

　　这位病人想起了关于这段长久的关系中的一个小意外。在他们共同参加了一次高中舞会后的第二天,B按照约定去L家接她一起出去。当他按响门铃时,L的母亲来应门,告诉他L不在家。B在那儿站了好一会儿,因为难以置信而呆住了。他告诉我,然后他就回到车里,在路上开了好几个小时,极度痛苦地纵声尖叫。B先生接着说,L在数年后告诉他,在他找她的前一晚,她和几个姑娘一起喝多了,他来的时候自己依然宿醉未醒,她为此感到极其尴尬,所以让她母亲告诉他自己不在家。

　　在我们分析的第一年里,我做干预时用的词非常接近病人自己的话,只是将强调的重点稍稍改变了一点儿。例如,在回应病人描述L的母亲告诉他L不在家时,我说:"如果没有被告知真相,你又怎么能知道发生了什么呢?"我这样说,是想要通过语言来表达,关于我们分析的那个阶段发生的事情的一个理念和一些感受:我是在强调对于B先生来说,说出真相极为重要。我把L的母亲撒谎的这个故事看作病人潜意识地在表达他感觉我没有真实地面对他从而深深地伤害了他,因为他感觉我是在扮演分析师的角色,而不是以我自己的样子来做他的分析师。我对B先生的回应部分地受到他在几个月前告诉我的一个故事的启发:当B先生在一间旧公寓和人谈话时,一只患了白化病的蟑螂急速地爬过他的笔记本电脑。病人以一种就事论事的方式说,他并没有为这只蟑螂感到困扰:"蟑螂如果不住在旧公寓里,还能住在哪里呢?它不是访客,我才是。"

当B先生讲到L母亲的谎言时,我想,要是我儿子在念高中的年纪要我对他的好朋友撒谎,我会怎么做?我无法想象我会这么做,除非是在极端情况下。我的思绪飘到和我在十岁到十一岁时最好的朋友G在一起的一些体验。他家是在那之前的两年才从澳大利亚搬来美国的。我想起G在给我讲他的故事时,会习惯性地夸大其词。当他面对自己夸大的无可辩驳的证据时,他会说:"我只是在开玩笑而已。"即便我那时还只是个孩子,我也已经留意到他用的是"were",而不是"was"[1],而除了在这些时候之外,G说话的方式和我们其他人一样(尽管有澳洲口音)。我发现他习惯性地歪曲事实的极端程度已经到了令人尴尬的地步。在和B先生的这个分析小节中,这对我来说是一段特别痛苦的回忆,因为这和我自己童年时不诚实行为的记忆密切相关,这种不诚实至今仍令我感到羞耻。有好几次我曾向G的母亲炫耀说我读过某本书或我听到了某

---

[1]   按照语法规则,正确的说法应该是was。作者在此暗示,G因为说谎而犯了语法错误。——译者注

则新闻。我在和其他朋友的父母相处时从未觉得有必要这样装腔作势。我还记得，当我听到 G 用名字来称呼他母亲时我感觉极其惊讶。在这段涵思中，我内心涌出对 G 深切的悲哀，他生活在一种巨大的压力之下，（这种压力既来自内部也来自外部，）需要为他母亲成为一个不是自己的人。他本来的样子——以及我本来的样子——反正就是不够好。

当我把关注拉回到 B 先生身上时，他正在对我讲他大约十岁时骑自行车去学校的事情。他在路上会不时地停下来，在特定的位置——比如一个旧篱笆的栅板之间，或是"和一块大石头下面的坑差不多大"的一个洞穴里——放一片树叶、石头、或是一个瓶盖。当他从学校往家走时，他会取回这些东西。B 先生带着愉悦回忆起当他骑着车往家走时风拂过他面颊的感觉，以及当他在学校里的一整天想到那些东西在那儿"做自己的事情"并且在回家路上等他时的那种美妙的感觉。

看起来，在这段童年经历中重要的部分是 B 先生从中获得的安全感，因为他知道那些东西活着（以有意义的方式存在），正如他自己在学校以自己的方式活着。那些被精心安置的物件在他不在时持续存在：石头、树叶和瓶盖以各自的方式持续存在。当 B 先生告诉我这个故事时，他话语中的声音和节奏让我想起博尔赫斯（Borges, 1957）的一首散文诗中的句子："万物坚持以自身的形式长存；石头希望自己永远是石头，老虎希望自己永远是老虎"（p.246）。

在听 B 讲关于石头、树叶和瓶盖子在他在学校时继续作为自身存在的故事时（再加上我关于 G 和他母亲的涵思），我意识到 B 在那时作为一个小孩子非常害怕——现在和我在一起也是如此——他感觉自己和母亲（以及和我）的连接非常稀薄，因为他无法感觉这些关系建立的基础是真相将会持续是真实的,可以被全然视作理所当然的;以及爱持续是爱,母亲会一直持续作为母亲而存在。我对 B 先生说,"在我看来,你觉得——虽然我不确定你是否会这样说——L 的母亲由于对你说谎而不再是个母亲,不论是对 L 还是对你。作为母亲和说谎是不相容的。这无关伦理,也不是多愁善感,这是一种感觉,母亲,当她作为母亲而存在时,她是说真话的,她就是真实。"B 先生和我沉默着坐了几分钟,直到那个小节结束。

几个月后,B 先生开始能够更直接地谈论感受,他告诉我,当他还是小孩子时,在很长一段时间里他都很害怕,当他回到家里,可能会发现他母亲被外星人占据了——她不再是他的母亲,即便她看起来和他母亲一模一样。他会试图设计一些问题,那些问题只有他真正的母亲才知道答案。他说:"我清楚地记得,我作为一个小孩所感受到的恐惧,但直到现在我才能识别出与之伴随的孤独感。但是在此刻,我只感觉发冷——不是遥远或疏离感,而是身体上的冷,就仿佛这个房间的温度陡然下降了25度。"

结　论

与 B 先生的工作开始于一个潜意识的请求,他希望我不要做一个一般意义上的分析师,而是做一个人,能够允许自己不知道我是谁以及他是谁。只有这样我才能对自己未知的部分,也就是关于他是谁(以及和他在一起的我是谁)的O,保持开放。如果我要对B先生有所帮助,我必须创造出一个刻有他的名字和他的独特存在的精神分析(而不是像没有名字的前任分析师所提供给他的治疗,也就是说他没有和B先生一起创造出一个带有他们名字的治疗)。

B先生的潜意识要求是合理的——每个病人都会这样要求——但对这位病人来说,基于他自己的生活体验包括与他母亲的关系,这一点就变得格外重要。她作为他母亲的存在状态在他的体验中不仅是不可靠的,也是不真实的。在这段分析的早期阶段,他关于母亲的体验的这种特质以多种形式呈现出来。他通过以自己特有的方式和我相处,来潜意识地向我传达,对他来说,人们在彼此面前诚实地(真实地)呈现自己是至关重要的。他拒绝让自己去适应一种在他想象中被预设的形式,在其中他需要承担就某种疾病向医生咨询并寻求治疗的病人角色。相反,他只是存在在那里,而我只需要对于他是谁做出回应。我需要体验的,是他的存在状态(关于他是谁的O),而不是以我(或者他)关于精神分析的预设来作为O的替代品。我为此而做的努力,例如每次只安排下一次的会面,并不是一种刻意的策略,而是那时候我和B先生在一起必须是也应该是的方式。我(带着真诚的兴趣)倾听他的故事而不试图搜寻那个故事"其实是在说什么";那个故事并不是关于任何事情的,那个故事就是那个故事;O就是O。

当我对B先生说话时,我尝试让自己说话的方式从正在发生的情感体验的真实中浮现出来。在谈论L的母亲对病人说谎时,我说到当他面对谎言时的困惑和无法思考:"如果没有被告知真相,你又怎么能知道发生了什么呢?"分析师所做的每个解释都是关于自己的体验,也是关于病人的体验。在这里，我的解释引发了我自己关于 G 的极度夸张以及对于自己童年时不诚实（装腔作势）的羞耻感的一段涵思。在我体验到羞耻感之后进一步产生了对 G（以及对我自己）的悲哀，因为他（以及我）在他母亲眼里不够好。当他说"我在开玩笑"时，不合语法地使用了"were"这个词，现在想来，似乎是件很复杂的事情，反映了当他需要去面对自己在努力成为一个谎言，也就是说成为不是他自己的另一个人时语言和思考的崩解。或许在他的声明中，"were"这个词也代表了对他未能对母亲说出就已被扼杀的请求，希望她是一个不同的母亲，能够由衷地爱他真实的样子，而不是她想象中理想的他。

涵思和做梦一样，尽管常常涉及极其复杂的感受，却是一种未经中介调和或极少调和的体验形式。在涵思和梦中，几乎不存在反思性自我。即便有时梦中的一个人物是外显意义上的观察性自我，这个人物也并不比梦中其他任何人物（包括叙述者）更有观察力。在这个意义上，我把涵思看作在分析关系中的处于潜意识层面的关于"真实"的体验——活现于潜意识的分析第三方（Ogden，1994a，1994b，1999）的体验中的分析师和被分析者的潜意识的 O。关于我的朋友 G 以及他母亲的涵思，不是对于分析中的那个时刻发生的潜意识事件的涵思——它本身就是在那个时刻的潜意识体验的 O。

就我所做的他在面对谎言时无法知道发生了什么的解释，B 先生回应的方式是，告诉我一个故事，这个故事是关于他在孩提时代试图以特有的方式让自己确信，事物（以及人）在自己看不见它们时会保持真实的样子。（随着时间推移，病人的故事有了更多层次的含义。例如，采用讲一个把石头和树叶藏起来的故事这种形式，比使用象征性的言语解释更加真实和自然。）

　　我基于 B 先生带来的感受和意象（以及我在自己的涵思中体验到的感受）来对他说话。我对他说，我觉得，他感觉 L 的母亲由于对他撒谎而不论是对 L 还是对他来说都不再是个母亲，以及做一个母亲意味着真实地存在。当然，我也间接地是在说，做一名分析师也意味着真实地存在，也即我的任务是努力成为真实，并说出真实，也就是在分析中某个特定时刻的情感体验的 O。（分析师在试图说出和成为真实的这个任务上是不可能成功，对于这一点的认识，比昂曾在回应一位分析师的自我批评时做了论述。当时，那位分析师在向他呈报一个分析小节，她谴责自己做出的解释不够好。那时已经近 80 岁的比昂评论说："如果你也像我一样从事精神分析那么多年，你就不会再为一个不够好的解释而心烦了——我从来就没有给出过任何一个够好的解释。这就是现实——而不是虚构的精神分析作品"。[1975，p.43]）

　　我觉得，引用 B 先生关于儿时害怕自己可能会发现母亲不再是他真正的母亲的评论来结束本章很合适。那个时刻他在分析中的体验多少捕捉到了下述这二者之间的差异：一方面，是回忆一个体验（他回忆起儿时的恐惧和孤独）；另一方面，是成为体验的 O（他感觉到寒冷，他成了那个寒冷的体验）。

第七章　分析风格的要素：
比昂的系列临床研讨会

　　多年来我都认为，较之于"分析技术"，"分析风格"这个词能够更好地描述我的精神分析临床工作方式中的重要面向。尽管风格与技术密不可分，在本文的讨论中，我用"分析技术"一词来指代一种开展精神分析的方式，这种方式在很大程度上是由分析师专业传承的前辈中的一支或数支发展出来的，而非他本人的创造。而"分析风格"与此不同，它不是一套操作原则，而是根植于分析师的人格与个人经验的鲜活历程。

　　在我使用"分析风格"这个术语时，"分析"和"风格"这两个词同等重要。并非分析师可能采用的每种风格都是分析性的，也并非每种精神分析实践方式都带有分析师的独特印记（"风格"）。比起分析技术，分析风格这个概念更侧重强调以下部分：（1）分析师运用自己人格中的独特品质、且能够基于这些独特品质来说话的能力；（2）分析师对于自己作为分析师、被分析者、父母、小孩、配偶、老师、学生、朋友等各种角色所获得的经验的利用；（3）分析师能够吸收和利用来自自己的分析师、督导师、同事和前辈的精神分析理论和临床技术来思考，但又能独立于这些理论和技术的能力；分析师对分析理论和技术的学习必须非常透彻，以至于有一天可以忘记它们；(4)分析师与每个患者一起发明鲜活的精神分析（重新发现精神分析）的责任。

分析师的风格是他与自己。以及与患者待在一起的方式，这种方式是鲜活的、持续变化的。分析师的整体风格会呈现在与每个患者会面的每个小节中。然而，在与某个特定患者工作的某个特定小节中，他风格中的某些特定要素相对于其他要素发挥着更重要的作用。分析风格的注入，令分析师在分析中以某种特定的方式来呈现自己。风格给方法赋予形状和颜色，而方法是风格得以鲜活展现的媒介。

我对分析风格的思考受到了比昂著作的强烈影响。在比昂发表的所有作品中，我认为"系列临床研讨会"(Clinical Seminars, 1987)提供了进入作为临床治疗师的比昂的最丰富和最广阔的入口。在本章中，我将提供对于其中三次临床研讨会的详细解读。我会讲述什么是我所认为的比昂特有的分析风格，并由此阐述我对分析风格这一理念的理解。

从他出版最后一本重要精神分析著作《关注与解释》(1970)到1979年去世的十年间，比昂开办了两期系列临床研讨会，第一期于1975年在巴西利亚进行了24次，第二期于1978年在圣保罗进行了28次。这些研讨会的参与者，除了一位呈报临床案例的分析师之外，还包括其他六到七名成员，以及一名翻译。这些研讨会进行了录音，但直到1987年，才发布了经整理、转录和编辑的版本。我相信，尽管比昂在研讨会上的角色是督导师和小组带领者，"系列临床研讨会"对读者来说,仍然是难得的机会,可以看到作为临床治疗师的比昂是怎么工作的。我们将看到,尽管比昂不是案例呈报中的患者的分析师,他却是临床研讨会中"梦出的"患者的分析师。(我在本书的第三章和第四章中谈到,我将在精神分析督导或临床研讨会中呈报的患者视为"虚构人物",一位想象出来的患者,是由分析师和他的督导师[或案例呈报人和研讨小组]梦出的患者,有别于分析师与之在咨询室交谈的那个真实患者。)另外,在这些临床研讨会上,比昂还与案例呈报人和研讨小组进行了分析工作。

三次临床研讨会

1. 害怕分析师会做些什么的患者(巴西利亚,1975,第1次研讨会)

本次研讨会是这样开场的:

案例呈报人:我想要讨论我今天和一位30岁的女患者的一次会谈。她走进咨询室,坐了下来;她从不用躺椅。她笑着说:"今天我没法坐在这里。"我问她什么意思;她说她很焦躁。我问她很焦躁对她来说意味着什么。她笑着说:"我头晕。"她说她的种种想法正在一个攥着一个地逃走。我尝试说,当她有这种感觉时,她同时也感到正在失去对自己身体的控制。她笑着说:"可能吧;看来好像是这样。"我继续尝试着说,当她的头脑像这样逃走时[1]，她的身体不得不跟随着她的头脑而动；她打断我，说："现在，你休想让我停下来。"

　　比昂：为何这位患者认为分析师会做些什么？ 你无法阻止她来或打发她走；她是成年人，因此我们可以认为，只要她想来就可以自由地来见你，不想来也可以自由地走。 为何她说你会试图阻止她做某事？ 我并非真的在就这个问题寻求一个答案——当然，如果你有答案，我会乐于知道——我只是举个例子来说明我对这个故事的反应。

（pp.3–4）[2]

　　比昂询问说："为何患者认为分析师会做些什么？"我想这个问题令案例呈报人颇感意外，并且觉得相当奇怪。对呈报的这些临床材料，有无数的视角可以去考虑，比昂偏偏选择询问为何患者认为分析师会采取行动，这是为什么？ 我经过再三思索，才意识到，比昂是在建议案例呈报人问问他自己："患者正在涉入的，是什么样的思维？""她为何以这种特定的方式思考？"比昂把注意力投向这样一个事实，即患者正在进行一种非常受限的思考，本来（在其他情况下）可能转变为想法和感受的体验的

1　mind 在英文中同时指代思考的生理器官以及思考功能。由于此处说话的病人处在一种非常具体的思维状态下，因此在本节的翻译中选取具体的含义"头脑"，以贴近说话人想要表述的体验。而在日常的谈话中，在更为象征化的层面上，此处的原文 her mind was running away，包括后文的 lost her mind 也表达了发疯、失去理智的意思。——译者注

2　除非另有说明，本章中的所有页码均为"系列临床研讨会"（Bion，1987）的页码。

元素,在这个情境中,被以行动的方式来体验和表达。分析师的想法被视为行动(分析师释放出的活跃力量),有能量推动患者做(而不是思考)某事。

因此,"为何患者认为分析师会做些什么"这个问题,本质上是在关注:患者试图以怎样的方式处理当下这一刻、或许也是整个小节中自己的情感问题——她对于正在失去自己头脑的恐惧。

患者疏散了自己无法思考的想法(即她害怕自己会发疯),这导致了与外在现实的裂隙,这一裂隙呈现为一种妄想信念,即分析师正在试图对她做些什么——具体来说就是"让我停下来。"如果分析师太害怕而不敢认真对待患者的说法,即她以一种非常具体的方式相信分析师正在试图对她做些什么,那么分析师就无法对患者的妄想体验进行思考/做梦(做意识和潜意识的心理工作),从而使患者的情况恶化(Bion, 1962a)。

比昂通过"只是举个例子来说明我对这个故事的反应",对案例呈报人作了一个不显眼的解释。案例呈报人向患者提供了一个言语象征化的想法,希望能帮助她思考自己的体验:"我尝试说,当她有这样的感觉[即她的种种想法正在一个撵着一个地逃走]时,她同时也感到正在失去对自己身体的控制。"患者的回应是,笑着说:"可能吧;看来好像是这样。"她笑了(这个描述让我不寒而栗),并且紧跟着一个貌似在确认同意的声明("可能吧")。 但在我看来,这里的措辞"看来好像是这样",再加上她的笑容,传递了这样的想法:分析师看到的,只是看起来像是真实的,而实际上就患者的体验来说并不是真实的。

分析师忽视了患者的回应,并重复了自己的解释。患者打断了分析师的再次解释,她说:"现在,你休想让我停下来。"她或许也是在说:"停止对我这么做。停止通过把你的想法放进我的头脑并以此控制我的行动(让我停下来)来试图把我纳入你。如果这发生了,我将变得完全无法活动自己的头脑[1]。"我相信,比昂通过询问为何患者认为分析师会做些什么,来试图帮助案例呈报人理解这个患者思维中的精神病性的部分。

案例呈报人在表浅的层面回应了比昂的问题("为何患者认为分析师会做些什么"),他说:

我当时也很想知道她为什么说"你别想让我停下来"。她说她不知道怎么回答我的问题,于是我说,她被我的静止状态所占据。她说,她并不认为我是静止的,而是认为我在掌控我的活动,我的头脑控制着我的身体。

(p.4)

我认为,案例呈报人无法利用比昂的问题/解释反映出,他害怕承认(思考)患者精神病的程度有多严重。我认为,由于患者无法区分头脑和身体(以及她自己和分析师),因此当她说她体验到分析师的头脑正在主宰他自己的身体,相当于是在说,她体验到分析师的头脑正在主宰她的

1　move my own mind,同上选择字面直译,但原文在更为象征化的日常对话中同时有思考的意思。——译者注

身体和头脑。换句话说，他正在坚持不懈地试图进入她的头脑，并让她*做*一些事情(在精神上和身体上"让我停下来")。

比昂对研讨小组说：

现在让我来猜一下，如果是我，会对患者说什么——不是在这第一次会面，而是在以后的会谈中。"我们在这里有座椅和躺椅，因为你可能会想要用；你或许想坐在那把椅子上，或者如果你觉得——如你今天所说——坐着是无法忍受的，你也可能想躺在躺椅上。 这是为什么这个躺椅在你第一次来时就在这儿了。我很好奇是什么让你在今天发现了这些。为何是在今天，你发现自己无法坐在那把椅子上，而不得不躺下或离开?"她在第一次会面中发现这些才是更合理的。但她太害怕了以至于没能发现。

(pp.4-5)

乍看起来，这样说似乎很奇怪。但我认为它反映了比昂的分析风格。只有比昂会这样说。如果别人这样说，那就是在模仿比昂。 那么，在这里，比昂是在做什么呢? 或者换种说法，比昂是怎样作为"精神分析师比昂"而在此存在的呢? 他将自己和患者之间的这次相遇，看作仿佛是他们之间的第一次相遇。他识别出患者主要呈现为精神病性状态，并从那个位置对她说话(从而承认那一刻她是什么样的人)。比昂(Bion, 1957)认为，人格中精神病性的部分是自体的一部分，这部分无法思考，无法从经验中学习，也无法做心理工作。

在比昂想象出来的与患者的交流中，他对"患者人格中非精神病性的部分"（Bion，1957），也就是有能力思考和做心理工作的那部分说话。比昂首先以最简单、最字面的词语命名咨询室里的物件（患者由于感到害怕而无法思考，因此这些物件对她具有失控的含义，令她晕眩）："我们在这里有座椅和躺椅，因为你可能会想要用。"以这种方式，比昂不仅告诉患者这些物件作为外部物件是什么，他也对她暗示说，如果她想要的话（在他的帮助下），它们是在这里可以供她使用的分析物件，可以用于梦出精神分析的物件。他继续说："你或许想坐在那把椅子上，或者如果你觉得——如你今天所说——坐着是无法忍受的，你也可能想躺在躺椅上。"在这里，比昂告诉患者，他觉得她今天可能会害怕使用座椅。我相信，比昂暗中猜测，座椅对患者而言是一个心理上的场所，一度拥有神奇的力量，可以保护她，帮她对抗她所害怕的、如果她"真的"进入分析可能会发生的事情。由于某些原因，今天座椅失去了这种力量。她可能想要使用躺椅（即她可能想尝试成为分析患者，那个当她第一次来见分析师时就希望成为的患者）。比昂并没有试图对她做某事或让她做某事——比如让她使用座椅或躺椅；他在试图帮助她"梦出自己作为分析患者而存在"以及梦出他作为可以帮助她思考的分析师："这就是为什么这个躺椅在你第一次来时就在这儿了。"（参见第一章中对于"梦出自己的存在"的理念的讨论。）

　　比昂用他贯穿在"系列临床研讨会"中的极具个人特色的方式，以提问的形式表达了他的探询："我很好奇是什么让你在今天发现了这些。"也就是说，"你是怎么发现，这是在今天的会谈中有待你解决的最重要的情感问题？"他又含蓄地补充说，*他自己*对这个问题并没有答案，但*患者*可能有，而自己或许可以就这个困扰她，并且目前她尚无法思考的问题，帮助她获得一些理解。另外，比昂含蓄的话语或许可以这样复述："当你说'今天我不能坐在这里'，你是在告诉我，你害怕自己不再能够在这里得到帮助——你害怕自己已经变得太过疯狂（'头晕'），以至于你已丧失信心，认为自己不再能够做一个患者，能够把我作为你的分析师来使用。"

比昂继续把他的疑惑说出来："为何只是在今天，你发现自己无法坐在那把椅子上，而不得不躺下或离开？"比昂的解释（表面上是对患者做的）可能更多的是对案例呈报人做的：案例呈报人没有识别出，也没有对患者讲出患者的害怕，即她害怕自己不能成为一名分析患者；患者通过两个途径都表达了这种害怕，即声称自己既无法使用座椅也无法使用躺椅，以及表示分析师对患者来说只能看到"看起来好像是真实的"东西。现在，我更清楚为何患者的笑容让我不寒而栗了：它揭示了患者所体验到的，在自己的精神痛苦和非常受限的思考/做梦的能力之间，以及在自己和分析师之间的巨大的情感断裂。

在对这个"梦出的"患者（同时也对案例呈报人）做了这个解释之后不久，比昂说道："作为分析师，我们会希望持续改善——患者也是如此……如果我知道所有的答案，我就没什么可学习的了，没有机会再学习任何东西了……我们会想要有空间可以作为一个会犯错的人而活着"（p.6）。这也是在"系列临床研讨会"中比昂风格的一个基本要素。尽管比昂这种能够感知到会谈中发生的看似无关紧要的元素的重要性，并对之加以分析性利用的方式看起来显得不可思议，并一再令案例呈报人和读者感到吃惊，与此同时，他也带着毫不做作的谦卑反复强调，分析师必须"有空间可以作为一个会犯错的人而活着"。只有在这种心理状态下，我们才能从经验中学习："如果你从事精神分析的年头像我这么长，你就不会再为某个不够好的解释而感到困扰——我从来就没能给出过任何够好的解释。这就是现实生活——不是精神分析小说"（p.49）。

在转向下一个研讨会之前，我想提请读者注意，比昂在本次以及其他许多研讨会中所采用的临床手法中的一个隐含要素，它构成了比昂的"方法"中的一个重要的方面。相较于其他任何问题，比昂最频繁地向呈报案例的分析师提出的问题是："这个患者为何前来寻求精神分析？"（参见，pp.20，41，47，76，102，143，168，183，187，200，225，234等例子。）在我看来，在每个比昂提出这个问题的情境中，他都在隐含地要求案例呈报人，将患者看作，每次会谈都潜意识地带来了某个自己无法"解决"的情感问题（p.100）—— 也就是说，他无法就这个问题做心理工作。患者潜意识地要求分析师帮助他思考这些令人困扰的他自己无法独自思考和体会的想法和感受。尽管在上面讨论的这次研讨会中，比昂并未明确地向案例呈报人询问患者为何前来分析，但在我看来，他好几次隐含地提出了这个问题。第一次是在研讨会刚开始时，他说："她是个成年人，因此我们可以认为只要她想来就可以自由地来见你，不想来也可以自由地走。"

2.不是自己的医生（巴西利亚，1975，第3次研讨会）

这次研讨会的重要之处在于，它形成了一种交流，让比昂有机会不仅用语言表达，还亲身示范了他对于做一名分析师意味着什么的理念。

而且，比昂在这个过程中完全没有使用任何技术术语。这符合他一贯坚持的理念，即我们作为分析师要用"尽可能简单无歧义的"（p.234）日常语言，以"平实而清晰的言辞"（p.144）来对患者说话，并且也用同样的方式与其他分析师交流。

这次呈报的分析患者是一位24岁的医生，他在近四个月里都无法工作。他告诉分析师，"我前往咨询室，但我停住了脚步。我无法待在这儿。我乘电梯的时候感觉不舒服，我想，来和你进行这次会谈对我来说太困难了。我觉得如果留在这儿我会死掉"（p.13）。案例呈报人说，然后患者改变了话题，开始讲述他在前一天试图克服强烈的焦虑回去工作。

比昂问道："他身体生病了吗？"（p.13）又一次地，比昂的问题听上去很奇怪，这一次是因为它显得如此平淡乏味。（在整个"系列临床研讨会"中，比昂倾听案例呈报人讲述他们与患者工作的方式，始终有种令人惊讶的务实性。）或许，当比昂询问患者是否身体生病了时，他是在指出，尽管患者说他害怕自己要死了，可是他决定来见一位分析师，而不是内科医生。这必定是因为他迄今为止在精神分析中的体验让他觉得，分析师对他有所帮助，并且分析师以及分析工作可能会进一步帮助他。

对于比昂的问题，案例呈报人仅仅回应了最表浅的层面，他说："他是这么认为的[意思是说，患者在意识层面体验到的，只是觉得自己身体生病了]，但事实上他正处于焦虑危机中"（p.13）。对于案例呈报人似乎未能理解比昂提出的问题中隐含的观察发现，比昂并未感到困扰。这一点本身虽然不具有重大意义，但却反映了比昂作为督导师，以及作为（据我推测的）分析师的风格中一种至关重要的特质：他"越过案例呈报人说话"。也就是说，他对案例呈报人能够思考的部分说话——人格中能够思考的这部分,在比昂的理论著述中有时被称为"人格中的非精神病性部分"(Bion,1957),而在其他一些地方则被称为"潜意识"。正是人格中的这部分能够利用生活经验来服务心理工作和成长。我用"越过患者说话""对潜意识说话"和"对人格中的非精神病性部分说话"这几种说法,都是指分析师对患者能够思考的部分说话,这些说法在我的写作中具有同样的含义,可以相互替换。在我们上面讨论的这个情境中,由于案例呈报人心灵的意识部分不能充分地思考,比昂必须对案例呈报人的潜意识或人格中的非精神病性部分"直接"说话。(参见 Grotstein,2007,讨论了对患者的潜意识说话。)

这时,一位研讨会成员问,为何"不考虑在这时候打断患者? 我觉得材料已经太多了"(p.14)。比昂回应说,他会等待,直到"对于他[患者]怎么了,有了更清晰的理解"(p.14),才会说话。 他又补充说:

这仅仅是我心中的一种怀疑,我怀疑这个患者属于这样一类人,他们因为对于会发生灾难感到极度恐惧,而选择成为医生。于是他就能与其他医生交流,从而听到存在的各种疾病。这样他就不会死去,灾难也不会发生,因为他是医生,而不是患者,这位患者虽然有医生资格,但他并不是医生,因为他不知道如何真正成为一名医生——也就是说,如何发展出这样一种作为人的存在状态,能够使用自己的心灵,来帮助那些生了病的人(包括他自己)。

这位研讨会成员以略微不同的形式再次重复了自己的问题:"对于你的这种怀疑,分析师是应该留给自己,还是可以告诉患者?"(p.14)比昂在此作了一个解释，是给予这位研讨会成员的，但表述为关于这个患者的陈述。他对这位研讨会成员说，我们只能利用自己生活经验中的一小部分来做心理工作，尤其是处于职业生涯早期的分析师，常常会感到自己被和患者在一起时的可怕体验所淹没：

　　类似的事情也发生在医学院学生去解剖室学习解剖时。这些学生崩溃了（break down）；他们无法继续，因为解剖人体会对他们的观念和态度造成剧烈的震荡。

（p.14）

　　我相信，比昂是在说，他怀疑这位研讨会成员觉得必须要在研讨会上打断思考（解剖），是因为害怕会在精神分析"解剖室"（这次临床研讨会）里崩溃。比昂做解释的风格高度尊重这名研讨会成员的防御及其尊严。他提供自己的想法，放在那儿，如果研讨会成员准备好了，就可以供他使用。看起来这名研讨会成员能够利用比昂的解释，而没有感到被羞辱；因为他对于可能会在研讨会上发现什么的潜意识恐惧减弱了，从而无须再次打断在研讨会上进行的分析工作。

　　紧接着我刚刚描述的比昂对研讨会成员的回应之后，案例呈报人说："我现在觉得，患者并未改变话题，他只是表面上看起来改变了话题"（p.14）。在这里，案例呈报人的话与他前不久才发表的言论自相矛盾。我相信在此期间，他在心理上利用了比昂对那位研讨会成员所做的解释——也就是说，分析师的焦虑可能会妨碍他听到患者潜意识地试图向他传递的恐惧。

比昂回应案例呈报人说：

你的这种感觉是生成解释的源泉……当你开始觉得这些不同的自由联想并非真的不同，因为它们有相同的模式，那么很重要的一点是等待，直到你了解这个模式是什么。

(p.14)

案例呈报人回应说：

一位培训分析师曾在他主持的研讨会上告诉我，任何好的解释都应包含三要素：对患者行为的描述；该行为的功能；以及行为背后的理论。

(p.15)

读者几乎可以感觉到比昂热血沸腾了——不是因为案例呈报人的焦虑，而是因为一位分析师的傲慢，他认为自己知道如何做精神分析，并相信，如果他的被督导者们采用和他一样的方式，他们也就知道了该如何做精神分析。即便如此，比昂的回应还是经过斟酌的，不过没有完全摆脱他的感受，即觉得这里描述的这种督导风格，对于被督导者试图成为分析师的努力具有破坏性。与此同时，比昂充分意识到，自己听到的并非那位培训分析师的观点（对那个人，比昂一无所知），而是案例呈报人的想法和感受，和他的患者一样，他已经从在进行思考的医生（分析师）的位置上撤退了，成为无法自己进行思考的被动的患者。

比昂：理论，比如你提到的这种，对于引用它的某个特定的人，从某种意义上来说是有用处的。[比昂并未把那个特定的人标识为那位培训分析师，因为他并不是在说那个人。比昂正在指出案例呈报人人格中的一种分裂，他的一部分（通过使用精神分析理论来避免思考）在贬低自己的另一部分（正在试图成为思考着的分析师）。] 其中一些[精神分析理论]也会对你有意义。[案例呈报人身上能够思考的部分有时能够思考精神分析理论，并发现这些理论有助于他发展自己的理念。] 当你试图学习时，一切都令人感到非常困惑。[感到困惑是一种心理状态，需要被体验，而不是被疏散，并代之以由于有权威人士告知而感到自己知道该怎样做分析的感觉。] 这就是为什么我认为你可能[比昂没有说，"一个人可能"]会在培训和研讨会中待太久了。只有在你获得[分析师]资格之后，你才有机会成为一名分析师。你成为的那个分析师是你，且只是你；你必须尊重自己人格的独特性——这一点，而不是所有那些解释[那些你用来对抗担心自己不是真正的分析师、不知道如何成为分析师的恐惧的理论]，才是你可以使用的。

(p.15)

在这里，比昂向案例呈报人、研讨会成员以及读者展示了，真正的精神分析对话是什么样的。解释不会自我宣称是解释。它们是"对话"（p.156）的一部分，借由对话，想法被巧妙地、心怀尊重地（通常表达为一种猜想）、以日常语言的形式说出来。在这里，我们得以渐渐明了，比昂所说的解释，并非旨在为被压抑的潜意识冲突提供言语化的象征性表达、从而使得潜意识意识化的一个陈述；而是将分析师正在思考的某些东西以某种形式告诉患者,从而使患者可以利用它来思考他自己的想法。

阅读这次研讨会记录的读者可以用自己的耳朵听到,一个能够基于自己独特的人格和体验说话的人发出的声音。没有任何其他分析师的话听起来像比昂,哪怕只是稍微有点像。我已经在一系列文章中详细解读了温尼科特、弗洛伊德和比昂(Ogden,2001a,2002,2004b)的作品,我还将在第七章和第八章为读者奉上对罗伊沃尔德和西尔斯作品的解读。这些分析师,每一位都以反映自己独特人格的方式说话/写作/思考。只要阅读他们作品的一小段,我们就很容易辨认出他们各自独特的声音。

分析师基于自己独特的人格、他本人"特有的心理状态"(p.224)并怀着谦卑说话的能力,是我所说的分析师风格的核心。现在读者想必能够很明显地看到,风格是风尚的反面;也是自恋的反面。把自己交给风尚,是源于希望自己像他人(由于缺乏关于自己是谁的感觉);而自恋则涉及希望被他人仰慕(试图对抗自己的无价值感)。在"偏离正题"谈论了成为分析师的过程中必然会经历的困难之后,比昂请案例呈报人就这次会谈再多说一些:

案例呈报人:患者觉得,如果当时继续值夜班(作为医生在前一晚整夜待在医院里),他将会生病。事实上,他后来并没有生病——他只是在当时觉得这将会发生。

比昂:换句话说,他不会得到"疗愈",他会得到"疾病"。或许他从未真正考虑过,他需要非常强大才能成为医生。这个职业让你总要面对人们最糟糕的状态;比如处在恐惧或焦虑中。如果他自己因此也会变得焦虑、抑郁或恐惧,那最好不要从事这个职业。

（pp.16-17）

　　比昂在此对案例呈报人人格中的非精神病性部分做了一个间接的解释。在这里,又一次地,这个解释有种令人惊讶的务实感:患者选择了一个自己在情感上尚未准备好的职业。患者似乎无法面对他人的恐惧,这会令他自己也变得恐惧和抑郁。然而,这个解释中当然还有更多的内涵。比昂正在关注一个显著的自相矛盾之处,这对于患者在本次会谈中试图求助的情感问题的性质,似乎提供了一些线索。

　　为何患者在这个时刻以这种特定的方式向分析师呈现这样一种矛盾? 或许问题并不能简单地归结为,患者在职业方面做了个糟糕的选择。是否患者感到他与自己的一部分(作为一名真正的医生的部分)失去了连接? 比昂注意到一种交流,它是如此显而易见,以至于又像爱伦·坡的"失窃的信"一样令人视而不见。或许正是因为这样的悖论——显而易见的东西会令人视而不见——使得比昂的评论显得奇怪而又具体。在这里,和本次研讨会早些时候的情况一样,比昂对于似乎有什么东西"不对劲"的观察,包含了对于患者在这次会谈中(在分析师的帮助下)试图"解决"(p.125)——也就是说,思考——的情感问题的一种"富于想象力的猜测"(p.191)。问题不仅仅在于"是什么令患者感到焦虑和恐惧?"在这次会谈中还呈现了一个更具体的问题(或者说使得患者出现症状的那部分动力学驱力)。比昂通过评论患者的职业选择,似乎在尝试性地提出这样的想法:患者可能觉得自己不是自己。他决定努力成为医生,但却发现自己更强烈地趋向于成为被动的患者——一个对于正在令自己受苦的疾病一无所知、也不想知道什么的人。

我们可以将比昂的猜测看作，对这位"想象出来的"患者的非精神病性的部分，也就是他人格中潜意识的能够思考的部分所做一个解释。

案例呈报人看起来已经能够利用这一解释：

案例呈报人：于是他离开了房间（值班室）去躺着。这时他被叫去急诊病房。他去了，并且工作得非常好。他觉得很奇怪，自己竟然能够毫无困难地工作。

（p.17）

或许有人认为，案例呈报人对"接下来发生的事情"的叙述只是在复述他几天或几周前写的记录。我认为这个想法是站不住脚的。案例呈报人可能就比昂的"解释"做出各种回应：比如，他可能提一个问题，来打断此刻研讨会上正在进行的精神分析思考；或者他可能就患者接受医学培训的意识层面的原因做出评论，而令人分散注意力。案例呈报人所说的话——"他觉得很奇怪，自己竟然能够毫无困难地工作"——带有一种并非刻意为之、但极具意义的含糊性。奇怪这个词是一种委婉的说法，表达了患者对于是什么导致了这些事情的发生感到困惑；同时，奇怪一词还表明患者开始具有思考能力（对自己不知道的东西感到好奇的能力）。相比后者，前者是更加被动的心理状态。通过使用奇怪这个词，案例呈报人表达了他逐渐能够更好地理解患者的心理状态，即患者既想要思考，同时又害怕思考。

比昂回应说："他去了急诊室，非但没有心脏病发作或出什么其他状况,反而发现自己可以做一名医生"(p.17)。在分析师的帮助下,患者发现自己能够成为医生,也就是说,能够思考和运用思考能力来"梦出自己"作为医生和作为精神分析患者而存在。同样地,在比昂所做解释的帮助下,案例呈报人能够梦出自己作为一名医生——也就是精神分析师而存在。他正在变得能够对患者,一个"处在自己最糟糕状态的"人(一个处于焦虑之中急切需要帮助的人)感到好奇。

让我们回到比昂对于患者意外地成了真正的医生的回应,比昂观察到,

这[让患者成了医生的事件]不仅适用于这个例子,也同样适用于其他许多情况。由此你开始看到,患者最终可能会成为医生或是潜在的分析师,在面对危机时,医生出现了。可是为什么是在危机中呢?如果他终将能够成为医生这件事是个事实,我不是指这个头衔而是成为真正的医生,那为何他在此之前都没能发现这一点呢?……当然,作为精神分析师,我们相信——这一信念或许对或许错——精神分析是有帮助的。但是,这样的信念容易使我们看不见精神分析的非同寻常的神秘的性质。有如此多的分析师似乎已经对他们的工作对象感到厌倦,失去了感到惊奇的能力。

(p.17)

从这些话语中我们可以听到比昂风格的两个关键要素。首先,我们听到作为医生和实用主义者的比昂,对他来说,找到"[患者]问题的解决方案"(p.100)极为重要。比昂认为自己的职责是帮助患者——一种相

当传统的观点。如果我们不相信精神分析是有帮助的,那我们为何要投入生命去从事它呢？我们怎么能忽视患者的痛苦呢？正是他的痛苦让他去找分析师寻求帮助。但这并不意味着分析师的任务是帮助患者缓解痛苦。恰恰相反。比昂认为,分析师的任务是帮助患者忍受痛苦,和自己的痛苦共处足够长的时间,来对其进行分析工作。患者身上有一部分是去分析师那里寻求分析的。 比昂不断地倾听患者这部分的(往往是缄默的)声音,以及倾听患者提供的线索,来了解患者的这部分试图去思考/解决的情感问题是什么。如果患者没有把分析师当作分析师来使用(例如,表现得好像他期望分析师像个魔术师一样,将患者变成患者自己希望成为的人),比昂就会问自己(并且很多时候也问"梦出的"患者),患者认为分析师的工作是什么。或许在使用频率上仅次于"患者为何前来寻求分析"这个问题。比昂第二个经常问的问题是:"患者认为精神分析意味着什么?"他经常在回应患者的想法时评论说:"这是一种非常奇怪的对精神分析的设想。"对比昂来说,帮助患者和给予患者"正确的"(p.162)分析(真正的分析体验)是一回事。

这段话还呈现了比昂分析风格的第二个重要元素:他意识到自己知道的是如此之少,这并不会导致挫败或失望;而是会令他在面对构成人性的复杂、美丽和恐怖时,体验到敬畏与惊叹(Gabbard,2007,p.35)。(加伯德讨论了分析正统的作用,以及使用分析教条来回避面对"人类社会的混乱"和极度的复杂性,以及精神分析事业的混乱和复杂。)

对于比昂就患者开始发展出思考能力这一点提出的问题和联想,案例呈报人接着回应说:

　　在这次会谈的晚些时候，他[患者]问了自己这个问题[他是如何做到真正成为一名医生的]，他说："如果我事先知道分析可以帮我做到，我就不会在来这儿之前坐以待毙了。"

（p.17）

　　从这段话中读者可以听到，在患者对自己思考能力的攻击和患者作为思考着的医生这两部分之间，现在力量对比发生了变化。现在这位医生能够面对这样一个事实：他生病了，但还能活在自己的感受中；他能够利用自己对自己情感的觉察来指导自己思考；他能够运用自己的思考来成为"分析师"，在自己的分析中积极地承担责任。

　　比昂识别出了患者从这一成就中获得的满足感伴随着同样强烈的悲伤感，他说："成长的一个特点是，它总是让你感到抑郁，或是遗憾你没有早点发现它"（p.17）。这个解释不只是给予在研讨会上梦出的想象中的患者，也是给予案例呈报人的。我想，比昂感受到了，案例呈报人为自己花了那么长时间才能成为自己患者的分析师而感到遗憾。或许案例呈报人在研讨会的进行过程中认识到，自己长期以来一直依赖他人，即自己内心的那位"培训分析师"来思考，对于自己在分析会谈中的觉知和感受，他不敢不带预设地做出鲜活的反应。换句话说，在此之前，他没能与这位患者一起发明/重新发现精神分析。

　　在研讨会的这一部分中，我们还可以体会到比昂分析风格的另一个要素。正如我们所看到的，比昂持续地留意到，每位患者在每次分析会谈中都以某种方式潜意识地感觉到自己的生活岌岌可危（并且，我认为，比昂相信，患者在很大程度上有理由这样认为）。毕竟，患者在多大程度上无法思考,也就意味着他在多大程度上无法活在自己的体验中。但是,比起先前谈到分析师在帮助患者的过程中需要利用自己这一点时的态度,比昂在这里采取了更为激进的立场。我下面将引述的他接下来补充的话,对于作为分析师的比昂是什么样的人有着至关重要的意义:

　　你是一位分析师,或者一位父亲或母亲,因为你相信自己有能力去接受情绪感染和理解那些必不可少、但却被[患者和孩子]认为是微不足道的东西[即这些东西对于他们是视而不见的,因为完全被认为理所当然的就应该是那个样子]……我们很容易忘记,作为医生和精神分析师,我们的要务是帮助人们……在分析过程中,我们可能不得不让他们感到心烦意乱,但这不是我们的本意。对于这位患者,或许很重要的一点是,在合适的时机告诉他,[分析师]具有接受情绪感染、同情和理解的能力,而不只是诊断[解释]和作手术;除了分析术语,还有对人的兴趣。你无法制造医生或分析师——他们是天生的。

(p.18)

　　在此,比昂以他特有的朴素的方式说,他认为,成为一名分析师,不仅需要理解患者并以患者可以利用的形式向其传达这种理解;作为一名分析师,有时还需要感受患者并向其展示自己的情感,让患者知道他是分析师深度关心的人。这件事是无法被教会的。一个人必须生而具有这种能力并且愿意这么做。

3.永远醒着的人(圣保罗,1978,第1次研讨会)

在这次研讨会上呈报的患者是一位38岁的经济学家,他走路姿势颇为机械,行事风格也很僵化。例如,他会在开始一次会谈时说"很好,医生,"或者"我今天给你带来了一些梦"(p.141)。

比昂很快就又问了一个他常问的那类"奇怪的"问题:"他为什么把那些称作梦?"(p.142)比昂即刻切入了核心,也就是他认为的患者潜意识地寻求分析师帮助的情感问题:患者的非精神病性部分认识到,自己的精神病性部分主宰了自己的人格,因此他无法做梦。比昂通过提问暗示说,在患者罹患精神病的程度上,他无法区分做梦和清醒时的觉知,也就是说,他无法分辨自己是睡着了还是醒着。比昂认为(1962a),精神病患者(或患者的精神病性部分)无法在心灵的意识和潜意识部分之间生成和维持一种屏障("接触屏障",p.21)。在无法区分意识和潜意识心理体验的情况下,一个人"无法入睡,也无法醒来"(p.7)。在他生活的世界里,从内部产生的觉知(幻觉)与对外部事件的觉知以及与做梦彼此都是无法区分的。于是,为了保护自己免于觉察到这种可怕的状况,患者假装自己对梦感兴趣。

和读者一样,案例呈报人并没有想到去问自己,为何患者说自己做了梦,当他说自己做了梦时所表达的含义是什么,以及他在此刻是否知道什么是梦。对于比昂的这个问题,"他为什么把那些称作梦?"案例呈报人感到困惑,他回答说:"他就是这么对我说的"(p.142)。

在这里,我所注意到的比昂分析风格的要素是他异乎寻常的机智。他就像是在一场魔术表演中分配给案例呈报人辅助演员的角色,并演示从他背心口袋里拉出了一只兔子。比昂在整个过程中完全是面无表情的。机智作为性格特质本身并不必然是好或是坏，重要的是如何使用。80岁的比昂在这个例子中扮演了神秘莫测的、另类的、如剃刀般犀利的老人，这个角色看起来很适合他。我想到的关于比昂的机智的另一个例子是，他在巴西利亚的第八次研讨会上发表的评论。当时案例呈报人告诉比昂说，患者说自己已经设法控制了自己的嫉羡，然而他在那次会谈中一直在躺椅上焦虑地扭动。比昂回应说："他控制了嫉羡，而他的嫉羡对此极为恼怒"（1987，p.48）。

"解读"比昂（即明确地说，在某一时刻他"真正的"样子是怎样的）绝非易事（或许根本是不可能的）。他是一位关切而热诚的老师，充分地意识到自己的知识和人格的局限性，但同时也是个心口如一的人，他也邀请（并帮助）自己的学生和患者们做这样的人。在"系列临床研讨会"中，比昂也有沉默的一面。我认为，他的机智和讲话神秘莫测的倾向，部分地也是为了保护自己神圣不可侵犯的隐私。这也是比昂分析风格的组成部分，比昂作为分析师和个人的组成部分。

在这次研讨会上，过了一会儿，比昂就这位患者在自己内心激起的问题进一步展开说：

那么这位患者为何来见一位分析师，并且说他做了一个梦？我可以想象自己对一位患者说："你昨晚在哪里？你看到了什么？"如果患者告诉我，他什么也没看到，只是在睡觉，我会说，"好的，可我还是想知道你去了哪里，看到了什么。"

（p.142）

比昂以这种方式对患者人格中的非精神病性部分说,他理解患者不知道自己何时是醒着的,何时是睡着的。因此当患者告诉他,自己去睡觉了,比昂把他的"梦"视为,和他醒时的生活体验具有同样性质的体验。比昂继续说:"如果患者说,'哦,对了,我做了个梦',那么我会想要知道他为何把这称为梦"(p.142)。比昂通过拒不接受患者使用"梦"这个词(用来回避真相),来帮助患者人格中的非精神病性部分思考(这意味着去面对精神病性的部分当前在患者人格中霸占着控制权这个事实)。比昂在此隐含地表达了他的信念:这种对发生的事情的真相的识别,会影响人格中的精神病性和非精神病性部分之间的力量对比。

稍后,对自己的观点"当他这样说[他做了一个梦]时,在我们理解的意义上,他是醒着并且'有意识'的"(p.142),比昂做了进一步阐述。换句话说,患者称之为梦的东西,我们称之为幻觉。患者无法区分他睡着时发生的视觉事件与他"醒着"时生成的视觉觉知。比昂补充说,"他正在邀请你和他自己接受一种倾向于我们醒着时的心理状态的偏见"(p.142)——也就是说,他正在试图说服分析师去相信,只存在一个状态,也就是醒着的状态;这样患者和分析师就能一致同意,患者不是精神病,而只是在报告他在醒着的状态下的觉知。患者坚持认为,由于只存在一个状态——也就是醒着的状态——觉知和幻觉、梦中的生活和醒时的生活之间没有任何区别,因此,也就没有精神病这回事。

在这里,我关注的比昂分析风格的要素是,他对(梦出的)患者说话时的绝对直接。当患者使用语言的方式涉及意义的滑落,从而阻碍了对真相的识别以及带来的痛苦时,比昂几乎立刻就觉察到了。正如在这个我们正在讨论的例子中展示的那样,比昂对患者说话的方式恢复了词语本身的意义,从而使得思考和"正常的人际交流"(p.197)得以开始或恢复。事实上,要能够持续地听到并回应这种意义的滑落,需要非常敏锐的耳朵。

结　论

要对一位分析师的风格做出充分的描绘是不可能的,因为风格来自他作为个人和作为分析师的一切方面的总和。尽管我极为欣赏比昂在"系列临床研讨会"中呈现的分析风格中的许多特质,但我并不把他的风格当作一种人人都应该效仿的范例。相反,正如比昂在这些研讨会上所说的那样:"我做分析的方式,除了对我自己以外,对其他任何人都丝毫不重要,但它或许对你要如何做分析有所启发,这才是重要的"(p.224)。

第八章　阅读罗伊沃尔德：
重构俄狄浦斯理论

　　在精神分析史上，弗洛伊德提出的俄狄浦斯情结曾被克莱因、费尔贝恩、拉康、科胡特等人多次再创造。罗伊沃尔德（Loewald，1979）对俄狄浦斯情结的重构，其核心在于这样一个理念：对上一代人的创造成果加以利用、破坏和再创造是每一代人的任务。罗伊沃尔德版本的对俄狄浦斯情结的重构，就我们如何看待人类在成长、老去，以及在从成长到老去之间的过程中所面临的许多根本任务提供了全新的视角，这些任务包括尝试创造出自己独特的产物，可供其后代加以利用来创造属于后代自己的独特产物。罗伊沃尔德以这种方式对弗洛伊德版本的俄狄浦斯情结进行了再创造，而我的任务则是，在将罗伊沃尔版本的俄狄浦斯情结呈现给读者的过程中，对其进行再次重构。我将通过精读罗伊沃尔德（Loewald，1979）的文章《俄狄浦斯情结的消退》来展示罗伊沃尔德是怎样思考这个问题的？为何我将这篇文章看作精神分析思想发展史上的一个分水岭？

　　叙述性写作中固有的顺序特质让罗伊沃尔德难以表达出俄狄浦斯情节中的各要素之间的同时性，我也同样身陷这一困境。我决定，大致上按照罗伊沃尔德自己写作的顺序来讨论他那些相互交叠的理念,这些理念包括:相邻代际的影响力和原创性这二者之间的张力;杀死俄狄浦斯双亲并占有其权威;孩子关于父母的体验的蜕变[1]内化,这为他形成一个能够为自己负责的自体感奠定了基础;过渡性的乱伦客体关系,在分化的客体关系和未分化的客体关系这两种形式的客体关系之间的辩证相互作用中处于居中调停地位。最后,我将对弗洛伊德和罗伊沃尔德对俄狄浦斯情结的理论构想进行比较,以此来作为本章的结尾。

弗洛伊德的俄狄浦斯情结理论

为了介绍罗伊沃尔德作品的背景,我将首先回顾我理解的弗洛伊德版本的俄狄浦斯情结的要点。弗洛伊德对俄狄浦斯情结的理论构想是基于四个革命性的理念:(1)一切人类心理及其病理,以及一切人类文化成就,都可以从根植于性本能和攻击本能的冲动和意义的视角来理解;(2)性本能被体验为一种驱力,它与生俱来,并在生命的头五年里依次体现在口腔、肛门、性器等部位;(3)在人类已经创造出来的众多神话和故事中,精神分析理论将俄狄浦斯神话看作组织人类心理发展的唯一最重要的叙事;(4)由三角关系中冲突性的谋杀和乱伦幻想构成的俄狄浦斯

1　metamorphic,原意指发生在某些物种中的由幼虫到成虫的迅速而显著的变化。——译者注

情结是"必然的，由遗传决定的"(Freud, 1924, p.174)，也就是说，也就是说，它体现了人类普世的、与生俱来的以这种特定方式组织经验的倾向（参见 Ogden, 1986a）。

弗洛伊德(Freud, 1924)认为，俄狄浦斯情结是和性心理发展过程中的性器期"同时出现的"(p.174)。这是一个心灵内和人际相互交织的亲子关系，以男孩为例，他将母亲看作自己的浪漫情感和性欲望的对象，并希望取代父亲的位置和母亲在一起(Freud, 1910, 1921, 1923, 1924, 1925)。父亲既是被钦慕的，同时也被看作会惩罚他的竞争者。对男孩来说，攻击本能表现为想要杀死父亲将母亲据为己有。想要杀死父亲的愿望是极为矛盾的，因为男孩对父亲同时还怀有前俄狄浦斯情结期性质的爱与认同，以及在负性俄狄浦斯情结(Freud, 1921)支配下对父亲情欲性的依恋。男孩想要杀死父亲的愿望（在正性俄狄浦斯情结的支配下）和想要杀死母亲的愿望（在负性俄狄浦斯情结的支配下）会激起他的内疚感。类似地，女孩将父亲作为自己欲望的客体，想要取代母亲的位置和父亲在一起。她对于自己在俄狄浦斯情结(Freud, 1921, 1925)的支配下产生的乱伦和弑亲愿望，也同样会感到内疚。

孩童怀着罪疚感，害怕自己的谋杀和乱伦愿望会受到惩罚——被父亲阉割。无论阉割的威胁在现实中是否存在，它都存在于孩童的内心世界，呈现为"原初幻想"(Freud, 1916–1917, p.370)的形式，这是一种普世的潜意识幻想，是人类心灵的一个组成部分。

"分析性观察……支持了这种观点，即阉割威胁导致了俄狄浦斯情结的解构"(Freud, 1924, p.177)。也就是说，孩童出于对遭受阉割惩罚的恐惧，而放弃了自己对俄狄浦斯双亲的性冲动和攻击冲动，这种"对客体的贯注……"被对父母权威、禁忌和理想化的"认同"（Freud，1924，p.176）所取代，这种认同构成了一个全新精神结构的核心，这个精神结构就是超我。

影响力和原创性之间的张力

现在，让我们带着对弗洛伊德对俄狄浦斯情结的理论构想，来看看罗伊沃尔德对这个主题的理论重构。罗伊沃尔德论文开篇的第一句话令人感到奇怪，因为它并未谈及这篇论文要讨论的主题："本文要表达的观点，很多都已经由前人表达过了"（Loewald，1979，p.384）。[1] 怎么有人会以否定自己原创性的声明来开始一篇精神分析作品？为什么要这样做？罗伊沃尔德紧接着马上（仍然没有就自己奇怪的方式向读者做出解释）引用了一段冗长的文字，出自布洛伊尔对《癔症的研究》一文的理论部分的介绍：

当一门科学飞速发展时，起初由个体表达的思想很快变成了公共知识。因此，今天，任何试图对癔症及其心理基础发表见解的人，都不可能不大量重复他人的观点，这些观点正在从个人产物变成公共知识。我们

1　本章中所有的引文页码，除非另有标注，均引自罗伊沃尔德（Loewald，1979）的《俄狄浦斯情结的消退》。

往往很难确定是谁首先说出了这些观点，当一种观点已经被他人说过之后，依然将其视为某个个人的创造物是有风险的。因此，如果你发现本文中引号用得太少，并且未能在我自己的话和他人的原创之间做出明确的区分，我希望能得到谅解。我要声明，在下面你将要读到的内容中，原创的成分是非常少的。

（Breuer and Freud, 1893–1895, pp.185–186；由 Loewald 引用，1979，p.384）

通过将罗伊沃尔德宣布放弃原创的声明与布洛伊尔在近一个世纪前所做的几乎一模一样的声明并列在一起，罗伊沃尔德下意识地制造出一种一种循环的时间感。在开始讨论他自己关于俄狄浦斯情结的理念之前，罗伊沃尔德通过让我们产生的阅读体验将这些理念展示给了我们：任何一代人都没有权利对其创造物宣称绝对的原创性（参见 Ogden，2003b, 2005b）。但即便如此，新一代依然贡献了一些自己独有的东西："本文要表达的观点，很多[并非全部]都已经由前人表达过了"（Loewald）；"原创的成分非常少[但有一些]"（Breuer）。[1]

罗伊沃尔德在字里行间表达的观点是，孩子的宿命（同样也是父母的宿命）是，他自己的创造将进入"从个人产物变成公共知识"（Breuer）

---

[1] 布洛伊尔的话呼应了柏拉图在两千五百多年前所说的话："现在我意识到，这些理念无一来自我——我知道自己很无知。我想，唯有另一种可能，那就是，他人的话语流进我的耳朵，就像注入空水罐；而我太愚蠢，以至于忘了是在哪里听谁说了这些话"（Plato, 1997, p.514）。有着哲学受训背景的罗伊沃尔德想必对这段话很熟悉。

的过程中。换句话说,我们创造出来的带着自己印记的产物将会成为公共知识库的一部分,而在这个过程中我们成了无名的,但并非对后代无关紧要的祖先:"当一种观点已经被他人说过之后,依然将其视为某个个人的创造物是有风险的"(Breuer),他的名字已经被后代遗忘了。

罗伊沃尔德在文中继续探索,并提出,在一个人受惠于自己的祖先、与他希望摆脱祖先获得自由从而能够以自己独有的方式成为一个人这二者之间,存在着一种张力。在罗伊沃尔德的构想中,这种影响力和原创性之间的张力在俄狄浦斯情结中处于核心地位。

不只是压抑

罗伊沃尔德在文章的第二段仿佛是再次开篇,将俄狄浦斯情结定义为"一组核心的由本能驱动的、亲子关系中的、三角冲突的心理表征的集合"(p.384)。(通过几度开篇再几度结尾的方式,这篇论文自身呈现了出生与死亡的循环往复,标志着永无止境的世代循环。)接着,罗伊沃尔德又将我们的注意力引向弗洛伊德(1923,1925)在谈论俄狄浦斯情结的宿命时使用的强有力的词汇,来表述俄狄浦斯情结的"被破坏"(Freud,1924,p.177)和"被摧毁"(Freud,1925,p.257)。此外,弗洛伊德(Freud,1924)还强调,"如果自我……仅仅是压抑了俄狄浦斯情结,那么俄狄浦斯情结会以潜意识状态持续存在……并在日后呈现致病性的影响"(p.177)。这个理念为罗伊沃尔德理解俄狄浦斯情结的宿命提供了密钥。

　　读到这里,读者可能会感到头晕,这是因为两个令人费解的相关理念交汇在一起:(1)俄狄浦斯情结被"摧毁"了(我们该怎样理解这样一个理念:在健康发展的情况下,某些最重要的人类体验会被摧毁);(2)俄狄浦斯情结的摧毁"不只是压抑"(无论压抑这个词的含义是什么)。在此处,以及在整篇文章的阅读中,读者都需要自己进行大量的思考,利用罗伊沃尔德呈现的理念去创造出自己的产物。毕竟,这是每一代人在面对前辈的创造成果时所面临的任务。

　　在阅读这篇文章的这部分时,为了找到方向,读者必须努力解决以下几个问题。首先,读者需要确定压抑这个词在这里是什么意思。在弗洛伊德的写作中,他用这个词指代两个互有交叠但又有着显著区别的概念。有时,这个词指代一种心理运作,这种运作是为了建立"潜意识,使之成为与心灵的其他部分分开的一个单独的领域"(Laplanche & Pontalis,1967,p.390),这是心理健康的必要条件之一。而另外一些时候——我认为也包括我们正在讨论的这个地方——这个词用于指代一种致病性的行为,即将令人困扰的想法和感受从意识中驱逐出去。这样做所造成的影响,不仅使得被压抑的部分被从有意识的想法中隔离出去,还让被压抑的想法和感受在很大程度上无法被意识和潜意识的心理工作所触及。

　　读者还需要尝试自己去做出构想,罗伊沃尔德所说的"不通过压抑而是通过摧毁构成俄狄浦斯情结的那些想法、情绪感受、身体感觉和客体关系体验来终结俄狄浦斯情结"是什么意思。对我来说——并且我认为这一点对精神分析师们来说是种共识——任何重要的体验,一旦在心理上被记录,无论是在意识层面还是潜意识层面,就永远不会被摧毁。这些体验可能会被潜抑、压抑、移置、否认、否定、分离、投射、内摄、分裂、排除等,但绝不会被摧毁或拆除。任何发生过的体验都不可能在心理上被"撤销发生"。但这恰恰是弗洛伊德和罗伊沃尔德坚持认为的在俄狄浦斯情结消退过程中所发生的情况,至少在很大程度上是如此。至于俄狄浦斯情结经历的"不仅仅是压抑"(而是被摧毁了)这个说法是什么意思,这个有待解答的疑问在阅读罗伊沃尔德作品的过程中会引发一种张力,这种张力恰恰类似于与未解决(但也没有被压抑)的俄狄浦斯冲突共处的体验。它令触及的一切都变得不安定,这种不安定意味着一种活力。

弑亲:爱的谋杀

在引入了上述这些关于俄狄浦斯情结被摧毁的想法和疑问之后,罗伊沃尔德接着对传统的俄狄浦斯谋杀的概念进行了扩展。他用弑亲这个词来指代"一个人谋杀与之处在特定的神圣关系中的他人,例如父亲、母亲、其他近亲,或(在更广泛的意义上)其统治者的行为。有时也指犯下叛国(*Webster*,*International Dictionary*,2nd ed.)的罪行"(cited by Loewald,1979,p.387)。对于弑亲行为,罗伊沃尔德有如下观察:

被杀死的是父母的权威,于是,孩子与父母之间联结的神圣性[1] 被

1　罗伊沃尔德用神圣(sacred)这个词,在非宗教意义上指代一种有别于他者的特有的庄严与敬畏,就如柏拉图和博尔赫斯认为,把诗歌和其他形式的人类表达区分开来的是——诗歌是"有翼飞翔的、光亮而神圣的"(Plato,被Borges引用,1984,p.32)。

侵犯了。如果我们依据词源学的解释,是父母给孩子带来生命,并养育、供养和保护孩子,这些构成了他们作为父母的身份和权威(作为孩子创造者的原创权),从而使得孩子与父母的联结具有神圣性。弑亲是对这种联结的神圣性所犯下的罪行。

(p.387)

罗伊沃尔德一再地在文中引用词源学——词汇的起源,以及词意的使用和演变历史。

弑亲涉及对父母权威以及父母是孩子创造者的声明的反叛。这种反叛涉及的,不是以仪式化的方式将接力棒从一代传递到下一代,而是用谋杀来切断神圣的联结。孩子破坏与父母的神圣联结,并不意味着他出于害怕身体伤残(阉割)的威胁而做出的回应,而是对从父母那里"寻求解放的活跃冲动"(p.389)的一种饱含激情的宣言。在这里,罗伊沃尔德将冲动(这个词和本能的身体驱力有着密切关联)和解放两个词连在一起,从而生成了一种关于个体化的内在驱力理论。通过使用这样的语言,罗伊沃尔德将本能理论扩展到包括但不限于性欲和攻击冲动的其他驱力(参见 Chodorow, 2003; Kaywin, 1993; and Mitchell, 1998,对罗伊沃尔德著作中本能理论和客体关系理论之间关系的讨论)。

在俄狄浦斯的战场上,"对手是必不可少的"(p.389)。真正父母权威相对缺位,让孩子没有什么可以占有了。此外,父母权威未能建立的情况会导致孩子的幻想缺乏"制动闸"(Winnicott, 1945, p.153),也就是说,他能够确定地知道,自己的幻想不会被允许在现实中实现。对孩子来说,当父母的权威没有为他的幻想拉下"制动闸"时,谋杀自己所爱和所依赖的人的幻想会变得太过可怕,令人难以承受。在这样的病理性环境中,孩子会为了避免让自己处在可能真的会杀死父母的危险中,而压抑(活埋)自己的谋杀冲动,并对这些感受采取严厉的惩罚立场来增强这种压抑。悖论的是,在健康的情境下,感觉到父母权威的在场反而令孩子能够在心理上安全地杀死父母(一种无须压抑的幻想)。俄狄浦斯式的弑亲并不需要被压抑,因为它从根本上是一种爱的行动,一种"对父母身上让孩子感觉深爱和仰慕着的一些东西的满怀激情的占有"(p.396)。在某种意义上,俄狄浦斯父母在幻想中的死亡,是孩子在为独立和个体化奋斗的过程中发生的"附带伤害",杀死父母本身并不是目的。

罗伊沃尔德认为,俄狄浦斯情结的核心是代际间的对峙,是为了自主、获得权威和责任而进行的生死角斗。在这场斗争中,父母"在不同程度上被拒绝、被对抗和被摧毁"(pp.388-389)。这个过程中遇到的困难不仅来自弑亲幻想本身,还来自不能安全地实施弑亲行为,以此来切断对父母的俄狄浦斯联结。下面这个简短的临床描述展示了,在试图俄狄浦斯式地占有父母权威的过程中遇到困难的一种形式。

N先生在分析进行了几年后,给我讲了下面的梦:

深夜,我在一家酒店的前台登记入住,接待的男士告诉我,所有的房间都已经被预订了。我说,我听说酒店通常会保留少量空房间,以便提供给半夜到来的客人。我心想,这些房间是留给大人物的,但我没有说出来。我知道自己不是什么大人物。在长长的签到台另一端,有位年长的女士在办理入住。她以一种命令式的语气说:"他是和我一起的——他会和我住一个房间。"我并不想和她住一个房间。这个想法令我反感。

我感觉自己无法呼吸,想要离开酒店,但却找不到出口。

N先生说,他对这个梦感到极为尴尬,曾经考虑不把它告诉我。他说,即便我们经常谈及,但他不确定:他是对父母内心并没有为他这个孩子保留心理空间而产生的那些感受,还是对梦里那个女士让他住她的房间,以及隐含的和她睡一张床的提议,感到极度恐惧。

我对N先生说,他对这个梦感到尴尬,可能不仅是因为被要求和母亲同床这个想法吓到,由于缺乏权威来为自己在成人世界找到位置,这个男孩永远无法成为一个成年男人。

相比之下,我们可以看到,在以下对一位20多岁男性的分析中,多少呈现了健康的俄狄浦斯代际传承的体验:

一位医学院学生在和我做分析接近尾声的阶段,在发现我显然对精神病药物学近25年来的进展所知甚少之后,开始以饱含深情的方式戏称我为"老家伙"。这让我想起我自己的第一次分析,在分析开始的阶段我也是一个医学院学生。当我就自己关于精神分析的最新进展掌握的知识和我的分析师竞争时,他偶尔会自称"老人家"作为回应。我还记得,当我看到他看起来似乎很平静地接受了自己作为"老去的"一代分析师,以及我作为新(并且我相信也是更有活力的)一代分析师各自所处的位置时,我感到很惊讶。

当我和这位医学院学生在一起时,关于我的分析师自称老人家的回忆冲击着我,令我感到既滑稽又不安——不安之处在于,在他说那个话的时候,他比我现在和这位医学院学生做分析时要年轻。他对自己在代际传承中的位置的接纳,对于此刻的我具有极大的价值,这让我认识到,它帮助我在和这位医学院学生的分析中,不仅是去接受,并且以某种方式去拥抱我作为"老家伙"的位置。

作为孩子的父母,尽管我们奋力维护自己作为父母的权威,但我们也允许我们的孩子杀死我们,以免我们"削弱他们"(p.395)。在俄狄浦斯神话中,伊俄斯和伊俄卡斯忒被德尔菲的先知告知,他们的儿子命中注定会杀死自己的父亲。如果用今天的语言来表述这个可怕的预言,就相当于是说,医院对每一对进入产房的夫妻说,他们即将出生的孩子有一天会杀死他们。拉伊俄斯和伊俄卡斯忒试图杀死自己的孩子,来避免这样的结果。但他们不能亲手杀死他。于是他们把俄狄浦斯交给一位牧羊人,让他把这个婴儿扔在森林里等死。这样做对拉伊俄斯和伊俄卡斯忒来说,等于是潜意识地参与了对他们自己的谋杀。他们创造了一个机会,不仅让他们的孩子活了下来,而且还能够长大成人,杀死他们。[1]

伊拉俄斯和伊俄卡斯忒面临的这个两难困境,不仅是所有的父母都需要面对的,也是每个分析师在开始对新患者进行分析时需要面对的。在开始一段分析时,我们作为分析师会启动一个过程,这个过程如果进展顺利的话,患者将会促成我们的死亡。为了确保进展顺利,我们必须

---

1 从某种意义上说,俄狄浦斯情结是这样一个过程:孩子在(父母的配合下)杀死自己父母的过程中,创造出自己的祖先(参见Borges,1962)。

允许自己被患者杀死,以免"削弱他们"(p.395),例如,把他们看得不那么成熟,在不必要时给予指导,采用他们不需要的支持性语气,给出破坏病人进行富于反思和洞察的思考的能力的解释,等等。不削弱自己的孩子(以及自己的患者),并不是被动地承认衰老和死亡,而是主动地以一种爱的姿态,一次次地让出自己在当前这代的位置,带着悲伤与自豪在成为祖先的过程中去接受自己新的位置。抗拒接受自己的位置是成为过去一代中的一员,并不能阻止代际传承,但却会在子辈和孙辈的生活中留下一种缺失感,那种他们的祖先本可以以很有价值的方式存在的缺失感(Boyer,1999,私人交流)(罗伊沃尔德曾对他的同事布莱斯·波尔说,如果不是成为祖父,他是没办法写出这篇文章的)。

父母可能会试图保护自己免于让位给下一代,表现得就好像代际差异不存在似的。例如,父母不关上卧室和浴室的门;将色情图片当作"艺术品"来展示;或者在家里不穿衣服,声称"人的身体没什么值得羞耻的",这些都是在暗示性地宣称代际差异是不存在的——孩子和成人是一样的。在这种处境下的孩子将缺乏真实的父母客体可以让他们去杀死,并且只有一个倒错版本的父母权威可供其占有。这将会让他成为一个冻结在时光里的发育不良的孩子。

在讨论了孩子对父母爱的谋杀在俄狄浦斯情结中的核心作用之后,罗伊沃尔德作了一个非同寻常的声明,令这篇文章和它的精神分析前辈(即前人的文章)区别开来:

直言不讳地讲,在我们作为孩子的角色中,我们通过真正地解放自己确实杀死了父母身上某些至关重要的东西——不是通过致命一击,也不是在所有方面,但确实促成了他们的死亡。而我们作为父母时,会经历同样的命运,除非我们削弱孩子的能力。

(p.395)

　　只用了这么一句话,他就彻底地重构了俄狄浦斯情结。弗洛伊德(Freud, 1909, 1910)对俄狄浦斯情结做出了很好的理论建构,他认为俄狄浦斯情结不只是一个心理事件,还是存在于孩子及其父母之间的一组鲜活的客体关系。但罗伊沃尔德没有止步于此。他认为,在俄狄浦斯客体关系中上演的对父母的谋杀幻想,的确促成了父母的死亡,并且也是他们死亡过程的一部分。我们会想要"稀释"罗伊沃尔德的"直言不讳",说"他们的死亡"只是个隐喻,指的是父母将自己的权威(以及作为孩子创造者的原创权)让渡给孩子。但罗伊沃尔德所说的不止于此,他坚持认为,孩子和他们的父母在生命中经历俄狄浦斯情结,是人类在其中成长、老去并死亡的情感历程(和身体历程密不可分)的一部分。

　　父母和孩子之间就自主性和权威所进行的角力,从青少年时期开始变得极为显著,但它在儿童早期也同样重要。这不仅体现在孩子会爱上父母中的一位,而对另一位产生强烈的嫉妒和竞争之心,而且体现在孩子的"顽固的任性"中。以"可怕的两岁"为例,这个阶段常常会发生的事情是父母和他们刚刚会走路的孩子陷入一场搏斗,因为孩子会不屈不挠地坚持自己的独立性。两岁孩子的父母常常将孩子"顽固的任性"体验为,背叛了他们之间的一种无言的"约定",即这个孩子将会"永远"是个完全依赖的、被宠爱和仰慕父母的婴儿。孩子打破这个"约定"意味着对父母愿望的攻击，父母希望自己的孩子永远是个婴儿，永远的意思是不受时间流逝的影响，没有衰老、死亡和代际延续。（"顽固"的学步儿与父母的关系在一定程度上是三角关系，其程度取决于孩子多大程度在心理上将父母分裂为好父母和坏父母。）

对俄狄浦斯父母的蜕变内化

因此，无论是从父母还是从孩子的视角来看，弑亲都是孩子长大成人、获得作为成人的属于自己的权威的必经之路。基于这样的理论构想，弗洛伊德和罗伊沃尔德都认为，俄狄浦斯式的弑亲是"作为个体心理结构顶点的超我"（Loewald，1979，p.404）组织成形的基础。

在我这里引用的这个短语中以及在罗伊沃尔德文章中的其他地方，对"超我"这个术语的使用体现了心理结构模型的残迹，而这个模型恰恰是罗伊沃尔德试图进行改造的。因此，罗伊沃尔德用这个词是令人困惑的。在阅读他这篇文章的过程中，我觉得，把超我这个词"翻译成"与罗伊沃尔德发展出来的理念更为一致的术语，会有助于我更清晰地思考。我想用自体的一部分（源自对父母权威的占有）——这部分对于自己是什么样的人、会怎样行事持续地进行着评估，并为此承担责任——这样的概念来取代超我这个术语。

超我形成涉及对俄狄浦斯父母的"内化"（Loewald，1979，p.390）或"认同"（p.391）。弗洛伊德（Freud，1921，1923，1924，1925）也多次使用

认同、内摄和吞并这些术语来描述超我形成的过程。这个过程带出了我认为是罗伊沃尔德就俄狄浦斯情结所提出的最重要也最难以回答的问题：俄狄浦斯客体关系在超我形成过程中被内化，这个说法是什么意思？罗伊沃尔德用了一段非常凝缩的话回答了这个问题，留下了许多未言明或仅做了暗示的部分。我将在此详细解读这段话，并提出我基于罗伊沃尔德的表述而得出的推论：

> 超我的形成，作为对俄狄浦斯客体关系的……内化，记载了弑亲事件，同时也是对它的救赎和蜕变：之所以说是救赎，是因为超我弥补了俄狄浦斯客体关系，并将其复原；而之所以说是蜕变，是因为在这个复原过程中，俄狄浦斯客体关系被转化为内部的、心理结构层面的关系。
>
> （p.389）

让我以自己的话来复述这段话的第一句：之所以说超我形成"记载"了弑亲事件，是因为超我形成是对于杀死父母这件事的活生生的证据。超我体现了孩子成功地占有父母权威，并将其转化为孩子自主和承担责任的能力。作为心理结构的超我监管着自我，并在这个意义上为自我/"大写的我（the I）"承担责任。

超我形成的这个过程，不仅因其改变了孩子的心理结构从而构成了对弑亲事件的一个内部记录，它还构成了对杀死父母的一种"救赎"（p.389）。我是这样理解的，超我的形成代表了一种对弑亲的救赎，是因为，在孩子（在心理上）杀死父母的那一刻，他也赋予了父母一种不朽的存在形式。换句话说，孩子通过将关于自己父母（不过是一种"经过转化的"版本的父母）的体验并入那个对于他作为个体是什么样的人起决定作用的结构中，确保了父母拥有一个位置，一种影响力，不仅影响自己的孩子怎样生活，还影响到孩子的孩子怎样生活，以及不断延续的后代的生活。我在这里用孩子这个词，既是字面意义上的，也是隐喻的。在超我形成过程中所发生的心理结构的变化，不仅影响到长大成人后的孩子与他自己的孩子们的关系，还影响到这个孩子在自己一生中创造的一切——例如，他参与的友谊和其他爱的关系的品质，以及他给自己的工作带来的思想和创造力。他的这些创造物（字面上的和隐喻意义上的他的孩子们）改变了他们各自接触到的一切，后者又进一步改变了后者各自接触到的一切。

之所以说对父母（以一种经过转化的形式）的"内化"构成了对弑亲的救赎，是因为这种内化促使孩子变得与父母相像。但从另一个角度看，在这种对父母的"转化"中蕴含了一种更为深刻的救赎。在内化过程中，父母在多大程度上被转化，就在多大程度上促成了一个有能力变得不像父母——也就是说能够在某些方面超越父母——的孩子被创造出来。对于杀死父母的救赎，还有什么能比这更深刻的呢？

罗伊沃尔德在这段话中继续说，超我形成是对弑亲的救赎。"之所以说是救赎，是因为超我弥补了俄狄浦斯客体关系，并将其复原。"这些词句是经过精心选择的。复原这个词的词源是拉丁词汇，意思是再建立。超我的形成恢复了父母作为父母的权威——但不再是他们原先作为父母所拥有的那种权威。现在，他们作为父母所面对的，是日益变得更有能力作为自主的人为自己负责的孩子。那个被"复原"（再建立）的父母,是之前不存在(或者,更准确地说,仅仅以一种潜在可能性存在)的父母。

　　在我们正在讨论的这段话中,罗伊沃尔德提出,超我形成作为对俄狄浦斯情结的解决方案的一部分,不仅意味着对弑亲的救赎和对父母的复原,还是一种"蜕变,之所以说是蜕变,是因为在这个复原过程中,俄狄浦斯客体关系被转化为内部的、心理结构层面的关系"(p.389)。我认为,蜕变这个隐喻,对于理解罗伊沃尔德的理论构想中所说的父母以一种"经过转化"的形式被内化是什么意思,是至关重要的。(鉴于在罗伊沃尔德的这篇文章中,通篇只用了这一次蜕变这个词,他可能并没有充分地意识到自己采用这个隐喻的内涵。)在一个完全蜕变的过程中(以蝴蝶的生命周期为例),毛毛虫(幼虫)的机体组织在茧内被粉碎了。被粉碎的幼虫的机体组织中的一小簇细胞丛构成了一个新的细胞组织的雏形,从这里,成年有机体的结构发展出来(包括翅膀、眼睛、舌头、触须、躯体节段等)。

　　在这里,同时存在着连续性(毛毛虫和蝴蝶的DNA是相同的)和非连续性(毛毛虫和蝴蝶的外部和内部结构,无论是在生理上还是形态上都有着巨大的差异)。超我形成(对俄狄浦斯客体关系的内化)也同样涉及连续性和剧变这二者的同时存在。(孩子体验中的)父母的被内化程度,不会多过在蝴蝶翅膀中蕴含的毛毛虫的成分。孩子对俄狄浦斯客体关系的"内化",涉及对他关于父母体验的一种深刻的转化(类似于毛毛虫躯体结构的粉碎),然后这些体验才会被孩子以形成更成熟的心理结构的方式（超我形成）复原。[1] 换句话说，孩子对俄狄浦斯客体关系的"内化"（并形成了超我）的源头是父母的"DNA"——也就是父母的潜意识心理构造（而这又"记录"了父母与他们的父母之间的俄狄浦斯客体关系）。但与此同时，尽管俄狄浦斯体验具有这种强有力的代际连续性，如果孩子（在父母的帮助下）能够杀死自己的俄狄浦斯父母，他就创造出一个心理空间，从而使自己能够进入与"新的"（p.390）（非乱伦性的）客体之间的力比多关系。这些新的关系具有自己的生命，超越了孩子与自己的俄狄浦斯父母之间的爱和攻击的关系。以这种方式，孩子与自己的父母以及他人之间全新的（非乱伦性的）关系成为可能。（这些新的客体关系会沾染来自对俄狄浦斯父母的移情的色彩，但不会被这种移情所主导。）

　　我想用一句话——这句话如果曾经被人讲出来，那么最可能讲的人就是罗伊沃尔德——将超我形成（建立自主的能够为自己负责的自体）过程中涉及的转化的所有要素放在一起："自主状态的自体是救赎的结构，也是和解的结构，因此是一种至高的成就（p.394）。"

1　下面这段话引自 Karp and Berrill（1981）的经典著作《发展》，表述了蜕变这个隐喻的恰当性：

做茧完成，标志着一系列新的并且也是更重要的后续事件的开始。在做茧完成后的第三天，死亡与毁灭的巨浪席卷了毛毛虫的内部组织。这个特定的幼虫组织粉碎了。但与此同时，某些原本藏匿在机体中某处的多少是离散的细胞丛，现在开始快速生长，用死去的或是垂死的幼虫组织粉碎后的产物来滋养自己。这些就是成虫盘。……它们急剧增长并以一种新的方式来形成有机体。新的生物机体从这些成虫盘中产生了。

（p.692）

过渡性的乱伦客体关系

接下来,文章又一次开篇,罗伊沃尔德开始讨论俄狄浦斯情结中的乱伦部分。在我看来,论文的这部分缺少了前文在讨论幻想中的(以及真实的)弑亲、罪疚、救赎和复原时所具有的力量。我认为这篇文章的核心——以及罗伊沃尔德的首要兴趣——在于俄狄浦斯情结对于孩子能够成为一个自主的、负责任的自体所起到的作用。乱伦愿望是这个故事中次要主题。

罗伊沃尔德提出了一个少有人问及(甚至可以说是有些令人吃惊)的问题,由此开启了对俄狄浦斯乱伦愿望的讨论:"乱伦有什么错吗?"他的回答是:"基于公认的道德准则,乱伦客体关系是罪恶的,因为它们干扰或破坏了神圣的联结……最初的一体,这种一体最显著的体现是由母亲和婴儿组成的二元统一体"(p.396)。乱伦涉及,分化后的力比多客体关系侵入了"原始的自恋性的统一体的'神圣的'纯洁……[这种神圣的纯洁]在时间上先于个体分化及其随之而来的罪疚和救赎"(p.396)。

换句话说,我们认为乱伦是罪恶的,是因为在乱伦发生时,分化后的个体对客体的性欲望所指向的那个人(以及那个身体),恰恰也是个体与之有过并且依然有着未分化的(我们认为是神圣的)联结的那同一个人。因此,罗伊沃尔德认为,乱伦让人感觉是错的,首先不是因为它表达了对父亲权威的挑战和对母亲的占有,也不是因为它否认了代际差异,而是因为它破坏了在融合的母婴关系(原始的同一性)以及与同一个人的分化的客体关系这两种关系之间的界限。乱伦让人觉得罪恶的,因为它打破了"[原始的] 同一性[1] [合一，at-one-ment1]与[分化的]客体贯注这二者之间的屏障"（p.397）。

原始同一性与客体贯注之间的屏障被打破事关重大，不仅因为个体发展中的性欲会被父母与孩子之间怎样处理乱伦愿望所塑形，而且，或许更重要的原因是，个体建立任何一种健康的客体关系的能力，即与他人建立富有创造力的既分离又合一的辩证关系的能力，有赖于这个屏障保持流动而又完整的状态。

弑亲显示了俄狄浦斯关系中的孩子想要成为自主的个体的努力；乱伦愿望和幻想则显示了这个孩子同时还有想要与母亲合一的需要。从这个角度来说，"乱伦的[俄狄浦斯]客体是一个处于中间状态的含义暧昧不明的实体，它既不是一个完全意义上的力比多客体[分化的客体]，也不是一个完全的同一体[未分化的客体]"（p.397）。罗伊沃尔德在使用乱伦客体和乱伦客体关系这些术语时，他并不是指真实发生的乱伦，而是指乱伦幻想占主导地位的那些内部和外部客体关系。乱伦俄狄浦斯关系作为俄狄浦斯情结的一部分会持续存在，并介入想要自主和承担责任的渴望与健康的趋向一体化的拉力（例如，作为坠入情网、共情、性欲、关照、"原初母性贯注"等情形中的一部分）这两种力量之间，维持一种张力（Winnicott，1956，p.300）。

超我和过渡性的乱伦客体关系这二者以互补的方式各自继承了俄

1　at-one-ment，拆开词根分开写是合一的意思，连在一起 atonement 是救赎的意思。作者意指救赎从词源学上可以理解为恢复合一的状态——译者注

狄浦斯情结,也以各自的方式介入孩子对父母的爱,以及希望离开父母解放自己并建立新的客体关系这两种愿望之间,维持某种张力。但这二者之间有着重要的差异。奠定了超我形成基础的救赎(合一)涉及孩子对自己与父母的客体关系的蜕变内化,这里的父母是同时作为合一的以及分离的客体而涉入两种不同性质的客体关系,而在(过渡性的)乱伦客体关系中涉及的合一,则意味着与父母的融合(原始认同)。

通过将俄狄浦斯乱伦客体关系理解为介于未分化与分化的两种客体关系之间,罗伊沃尔德不仅扩展了对前俄狄浦斯期发展的精神分析理论构想,他还暗示了一些别的东西。俄狄浦斯情结不只是一组构成人格的"神经症内核"(p.400)的分化的客体关系,它还"在其核心……包含了"(p.399)一组更为古老的构成人格的"精神病性内核"(p.400)的客体关系。正是从这些古老的客体关系之中,健康的分离–个体化的雏形出现了。

因此,俄狄浦斯情结是情感的熔炉,个体终其一生,在日益成熟的水平上,早先形成的俄狄浦斯构造将被一再地修通和反复再组织,由此锻造了个体的整体人格(参见 Ogden, 1987)。罗伊沃尔德并没有强调自己观点的原创性,而是说,弗洛伊德"在很早以前就承认,[在俄狄浦斯情结的中心,包含未分化的客体关系]"(Loewald, 1979, p.399),俄狄浦斯情结中的这部分"比弗洛伊德自己意识到的还要[重要]"(p.399)。俄狄浦斯情结的这个更为原始的部分并不会被超越,而是会作为"更成熟心智中的一个深度的层面"(p.402)而存在。

在结束这部分的讨论之前,我想重新回到一个尚未得到解答的问题。在他文章的开头,罗伊沃尔德(与弗洛伊德一样)坚持认为,在健康的发展中,俄狄浦斯情结将会被"拆毁"。但是,随着文章的进行,他修改了这个观点：

概括地说,随着这个结构[自主的自体] 日益形成,作为一组客体关系或者这些客体关系在幻想中的表征的俄狄浦斯情结将被摧毁。但是,用莎士比亚作品暴风雨中阿里尔的话来说,没有什么消失了,"但确实发生了巨变,变成了某种丰富而陌生的东西"。

(p.394)

换句话说,俄狄浦斯情结并未被摧毁,而是持续处在被转化为"某种丰富而陌生的东西"的过程中——也就是说,它汇入了持续演化的、永远作为问题而存在的人类处境的许多方面,正是这些处境构成了"令人烦恼但却值得过的丰富的生活"(p.400)。读者或许会感到奇怪,为何罗伊沃尔德在一开始没有这么说,而是引用了"经验是可以被摧毁的"这种显然站不住脚的观点。我相信罗伊沃尔德之所以在开头时使用更为绝对而戏剧性的语言,是因为他希望读者不要忽略这样一个真相：一个人能在多大程度上在心理上杀死自己的父母并为这个弑亲行为赎罪,从而促使他形成自主的自体,他就在多大程度上能够从俄狄浦斯情结的情感禁锢中获得解放。俄狄浦斯情结被摧毁的程度,取决于在多大程度上,一个人与自己父母之间俄狄浦斯性质的关系不再构成他意识和潜意识的情感世界,因而他不必作为永远长不大的依赖的孩子而活着。

这篇文章的结尾也像开头一样,对文章的写作本身作了评论,而不是在谈文章的主题：

我意识到,我在本文中好几次转换了视角,这可能会给读者带来困惑。我希望,我试图以这种方式来构建的图景不至于因为我的写作手法而变得太过模糊不清。

(p.404)

在我看来,转换视角这个说法,描述了一种处于持续改变过程中的写作和思考风格,以及一种对于文中呈现的观点同时保有开放地接纳和批判地质疑的阅读风格。鉴于这篇文章的写作目的是提出,一代人怎样才能在给下一代人留下印记的同时,又促进他们行使自己的权利和责任,成为自己观点的作者,找到表达自己的方式,因而对这样一篇文章,还有比这更合适的结尾方式吗?

罗伊沃尔德与弗洛伊德

作为本章的结尾,我想要概述一下罗伊沃尔德与弗洛伊德对俄狄浦斯情结的理论构想的差异。罗伊沃尔德认为,俄狄浦斯情结首先不是被孩子的性欲和攻击冲动所驱使的(这是弗洛伊德的观点),而是被"想要获得解放的冲动",想要成为自主的个体的需要所驱使的。以女孩为例,她最根本的驱力并不是要在父母的床上取代母亲的位置,而是想要将父母的权威据为己有。孩子为了救赎幻想中的(以及真实发生的)弑亲,会将俄狄浦斯父母蜕变内化,这将引发自体的改变(形成一个新的心理机构,即超我)。"为自己负责……是作为一个内部机构的超我的核心"(Loewald,1979,p.392)。因此,孩子以一种最有意义的方式来回报父母——通过建立自体感,为自己负责,有能力超越父母成为一个独特的人。

俄狄浦斯情结中的乱伦成分会促进自体的成熟,因为它作为一种含义暧昧不明的过渡性的客体关系形式,在成熟客体关系中所同时具有的分化和未分化的两个维度之间维持一种张力。俄狄浦斯情结的终结,不是出于由阉割威胁所致的恐惧而驱动的应对,而是出于孩子想要为弑亲救赎,并恢复父母作为父母的(经过转化的)权威的需要。

我不认为罗伊沃尔德版本的俄狄浦斯情结是对弗洛伊德版本的升华。我的看法是,这两个版本呈现了对同一个现象的来自不同视角的观点。这两种观点对于在当代精神分析中我们如何理解俄狄浦斯情结都是不可或缺的。

第九章　哈罗德·西尔斯的
《反移情中的俄狄浦斯爱》和《潜意识认同》

在我看来,哈罗德·西尔斯有种无与伦比的能力,善于用语言来传达:他如何就分析关系中正在发生的事情令自己所产生的情感反应作出观察,以及他如何使用这些观察来理解和解释移情-反移情。我将在本文中对西尔斯的两篇文章《反移情中的俄狄浦斯爱》(1959)和《潜意识认同》(1990)的部分段落进行精读,我将不仅描述西尔斯思想的内容,还将描述我认为的西尔斯在分析情境下的思考和工作方式的精髓。西尔斯认为,对于在分析中特定时刻正在发生的事情保持敞开接纳,意味着分析师对来自患者的潜意识沟通保持异常的敏锐。这种对患者潜意识沟通的敞开接纳要求分析师也能开放自身的潜意识体验。西尔斯分析性地使用自己的方式,很多时候模糊了自己的意识和潜意识体验之间的区别,以及自己的和患者的潜意识体验之间的区别。因此,当西尔斯就自己所理解的在他和患者之间发生了什么而对患者(也对读者)进行沟通时,常常令读者大吃一惊,但又几乎总是能够让患者(以及读者)加以利用来做意识与潜意识的心理工作。

在对《反移情中的俄狄浦斯爱》一文的讨论中,我将重点关注,西尔斯是如何从不折不扣的精准临床观察中产生原创性的临床理论的（在这篇文章里，是对俄狄浦斯情结的理论重构）。当我用"临床理论"这个词时，我指的是，对发生在临床情境中的现象提出贴近体验的理解方式（以想法、感受或行为等方式来表述）。

例如，作为一种临床理论，移情理论认为，患者对分析师的某些感受，源自患者早先（通常是童年期）在真实的和想象的客体关系中体验到的感受，而患者对此却不自知。相比之下，涉及更高抽象水平的精神分析理论（例如，弗洛伊德的拓扑地形模型、克莱因内部客体世界的概念，以及比昂的α功能理论）则提出了关于空间的或其他类型的隐喻，来思考心智运作的方式。

而在对《潜意识认同》的阅读中，我提出，西尔斯有一种独特的进行分析性思考和工作的方式，或许我们可以把这种方式看作一个"将内部体验外化"的过程。我这样说的意思是，西尔斯将原本作为情感背景的、不可见但能感觉到的某种存在，转化为一种心理内容，从而让患者可以就此进行思考和言说。西尔斯把患者内在和外在世界中的某种可怕的、无名的、完全视为理所当然的状态转化为一个言语象征化的情感困境，从而使得分析双方有可能对此进行思考和对话。

最后，我将讨论我看到的西尔斯与比昂作品的互补性。我发现，阅读西尔斯的作品为阅读比昂的作品提供了生动的临床背景，而阅读比昂的作品则为阅读西尔斯的作品提供了有价值的理论背景。我将特别关注西尔斯的临床工作与比昂的一些概念之间（在读者内心产生的）彼此丰富对方的"对话"，这些比昂的概念包括：容器-所容物，人类追求真相的基本需求，以及对意识和潜意识体验二者之间的关系的理论重构。

反移情中的俄狄浦斯爱

在《反移情中的俄狄浦斯爱》这篇文章的开篇,西尔斯对有关反移情中的爱这个主题的精神分析文献提供了详尽的回顾。当时关于这个主题的共识,托尔(Tower,1956,西尔斯于1959年引用,p.285)有如下简明扼要的表述:"几乎所有谈论反移情这个主题的作者……都毫不含糊地声明,分析师对患者任何形式的色情性反应都是不可接受的……"在这样一种情绪的隐约威胁的背景下,西尔斯呈报了发生在一段为期4年的(在他职业生涯早期进行的)分析后期的一次分析体验。他告诉我们,起初,患者的女性气质"很大程度地被压抑了"(1959,p.290)。在分析的最后一年,西尔斯发现自己"有了……与她结婚的强烈愿望,以及做她丈夫的幻想"(p.290)。1959年,坦率地承认有这样想法和感受是史无前例的,即便在今天的分析文献中这也是罕见的。结婚——这样一个日常的词——由于它意味着相爱并希望与所爱的人组建家庭朝夕相处的愿望,而具有不可思议的力量。在我看来,很显然西尔斯描述的性幻想中不包括与患者在想象中性交(或其他任何外显的性行为)。我相信,西尔斯这样的幻想反映了俄狄浦斯期孩童所拥有的那种意识和潜意识的幻想。虽然作者把在分析体验和童年体验之间建立平行关系的连接的工作大部分都留给了读者去完成,但在我看来,西尔斯在这里暗示,对于俄狄浦斯期的小男孩来说,与母亲"结婚"和成为她"丈夫"的想法是神秘的、暧昧不明的,也是令人兴奋的。与母亲/患者结婚,主要不是把她当作性伴侣,而更多的是把她融入自己的整个生命中,把她当作最好的朋友以及非常漂亮而性感的"妻子",深爱着她同时也感觉被她深爱着。西尔斯在文中并没有明确地说,在多大程度上这些感受和幻想对他(或者在更普遍的意义上,对俄狄浦斯期的孩童)来说是有意识的,我相信这种不明确完全是有意为之的,反映出西尔斯(以及俄狄浦斯期的孩童)处于俄狄浦斯爱的控制之下时的情感状态的某种品质。

在这第一个临床案例中,西尔斯描述了他对于自己对患者的爱感到的焦虑、内疚和尴尬。当患者表达对即将来临的分析结束感到悲伤时,西尔斯对她说:

我感觉……就像电影《儿女一箩筐》中,当吉尔布雷恩夫妇的12个孩子中最小的一个也度过了婴儿期时,吉尔布雷恩太太对她丈夫说的,"16年来头一次不用在凌晨两点醒来喂奶,一定会感觉很奇怪。"

(p.290)

患者看起来"很震惊,喃喃地说,她觉得自己早就已经过了那个年龄阶段了"(p.290)。西尔斯在事后回顾中开始理解,自己强调患者的婴儿化需求是由于体验到自己对患者作为"一个永远不可能属于我的成年女性"的爱的情感,他对此感到焦虑,想要逃开(p.290)。西尔斯害怕对他自己以及(间接地)对患者承认自己的俄狄浦斯爱(而不是父母对自己宝宝的爱),主要是因为他害怕,公开承认这样的感受会引发来自外在的和他内心的精神分析前辈的攻击:

我接受的培训让我倾向于质疑任何分析师对患者的强烈情感,而这些特定的情感[想要和患者结婚的浪漫的和情欲的愿望]似乎尤其有违伦常。

（p.285）

尽管西尔斯在这里仅仅是部分成功地管理了分析情境中的俄狄浦斯爱,他已经能够就自己对患者的俄狄浦斯爱的体验隐含地提出一个重要的问题:什么是反移情的爱,什么又是"非反移情的"爱呢？前者比后者更为不真实吗？如果是这样,体现在哪方面呢？这些问题在那个时刻尚待解决。

随着时间的推移,西尔斯持续地在自己的分析工作中体验到移情－反移情中的俄狄浦斯爱,他说,

我渐渐对于在自己身上发现这样的反应变得没那么不安,也不那么拘泥于要在患者面前隐藏这些感受,而且我越来越相信,它们的存在预示着我们关系的结局是良性的而不是病态的,并且当患者感觉到自己能引发分析师这样的反应时,会极大地增强自尊。我逐渐开始相信在以下两方面之间存在一种直接的相关性,一方面是分析师体验到自己对患者的这些情感以及这些情感的不可实现性的情感强度,另一方面则是患者在分析中获得成熟的深度。

这段文字展示了西尔斯作品中轻描淡写的力量。他没有直接点明这篇文章的主旨:为了成功地分析俄狄浦斯情结,分析师必须爱上患者,而同时又要认识到自己的愿望永远都不会实现。并且,延伸开来说,儿

童要成功地度过俄狄浦斯体验,需要俄狄浦斯关系中的父母深深地爱上俄狄浦斯关系中的孩子,同时又充分意识到这种爱永远只能停留在感受层面。(在上面引用的段落中,西尔斯基于对移情-反移情的临床描述自然而然地引出了临床理论。)

西尔斯呈报的第一个临床案例暗示了在健康的俄狄浦斯爱中蕴含的一个核心悖论:无论在童年期还是在移情-反移情中,想要的结婚,应该被看作既是真实的又是幻想中的。这里一方面存在着相信结婚是可能的这样一种信念,而同时又认识到(通过父母/分析师坚持自己作为父母/分析师的角色来确保),这是永远不会实现的。本着类似于温尼科特(Winnicott, 1951)在"过渡性客体"关系的理论构想中所采取的那种立场,"分析师真的想和患者结婚吗?"这样一个问题是我们永远不会去问的。患者和分析师之间的俄狄浦斯爱涉及一种介乎于现实和幻想之间的心理状态(参见 Gabbard, 1996,他对移情-反移情中的爱这一概念有详尽考察和阐述)。

在这篇文章中西尔斯提供的其他临床案例都来自与慢性精神分裂症患者的工作。基于在切斯特纳特进行的大量心理治疗工作的经验,西尔斯相信,对精神分裂症患者(以及其他患有起源于婴幼儿期的心理疾病的人)的分析为我们提供了一种格外富有成效的方式来了解人类共有体验的本质。西尔斯认为,与这类患者进行的分析,如果成功的话,会产生一种分析关系,在其中,发展上最成熟的面向(包括俄狄浦斯情结的解决)会在移情和反移情中同时被体验到并被言语化,并且其清晰与强烈程度,是在与更健康的患者的工作中罕见的。

在谈论与一位精神分裂症女患者的分析时,西尔斯承认,在分析后期，当他发现自己强烈地希望与这样一位"可能被身边的人认为……病得很重，而且完全缺乏吸引力"（p.292）的女性结婚时，他感到惶惶不安。但是，西尔斯恰恰要求自己具有这样的能力，能把患者看作一个美丽的、非常令人渴望的女人。他发现直面自己对这个精神分裂症患者的浪漫情怀（同时在心中清醒地记得自己是她的治疗师）有助于解决这样一种反复出现的刻板僵化的情境——患者沉溺于对治疗师的乱伦愿望和诉求，以至于限制了双方对患者困境的共同探索……当治疗师甚至不敢承认自己对此有反应时——更别说向患者表达这部分——这种状况将越发地陷入僵局，停滞不前（pp.292−293）。

西尔斯在这里暗示，治疗师"坦率地"（p.292）允许患者看到他/她在治疗师身上激起了想要与患者结婚的愿望，并不会加剧患者坚持不懈的"乱伦愿望"；相反，治疗师承认"对患者的浪漫爱情"有助于"解决"这个僵局（反复出现的、坚持不懈的乱伦愿望），"解放"（p.292）患者和分析师进行分析工作的能力。虽然西尔斯并未讨论他这个发现的理论基础，但似乎治疗师表达对患者的爱所产生的治疗效果，并未被构想为一种矫正性的情感体验，而是满足了患者的一种发展需求，即识别出他是什么样的人（而不是满足他的色情性愿望）。后者会导致性兴奋的增强，而前者则会促进心理成熟，包括对一个体验到爱与被爱的自体的整固。西尔斯暗示性地（并且仅仅是暗示性地）假定，人类具有爱与被爱，并且被承认作为一个独立的个体自己的爱是有价值的这样的需要。

然后，西尔斯讨论了对一位"敏感、高智商、相貌英俊"（p.294）的男性偏执型精神分裂症患者的分析中出现的一种复杂情境，这种情境在这段分析进行到大约18个月时达到了顶点。通过这段案例讨论，西尔斯进一步探索了分析师体验到对患者的俄狄浦斯爱这件事在分析中所起的作用。西尔斯逐渐开始为自己对这个患者产生强烈的浪漫情感而感到不安。他说在一次分析会谈中他开始感到惊慌：

> 当时我们静静地坐着，不远处收音机里正在播放一首温柔浪漫的歌，我意识到这个男人对我来说比世上其他任何人都要珍贵，连我妻子也比不上。几个月后，我成功地找到了无法持续对他进行治疗的"现实"原因，而他也搬到了很远的地方。[1]

（p.294）

西尔斯假设自己已经能够容忍患者对他的讽刺和嘲笑，这种讽刺和嘲笑来自患者在移情中重复了他感觉被母亲恨着并且反过来也恨母亲的体验。而让西尔斯无法"勇敢"面对的，是移情–反移情中的爱，它源自"隐藏在[患者与母亲之间的]相互拒绝的屏障后面泛滥的"（p.295）爱。尤其是因为他对一个男人产生了浪漫的爱，这在他职业生涯早期，让他感到极其害怕，以至于他无法继续与这位患者工作。

1　为了便于读者理解下文对这段文字的词汇和语音的解析，全文保留这段英文原文：while we were sitting in silence and a radio not far away was playing a tenderly romantic song, when I realized that this man was dearer to me than anyone else in the world, including my wife. Within a few months I succeeded in finding "reality" reasons why I would not be able to continue indefinitely with his therapy, and he moved to a distant part of the coun-try.——译者注

西尔斯对"他与患者一同坐着,此时收音机里传来温柔的情歌"的这段描述总是会深深地激起我的感受。西尔斯没有简单地告诉读者发生了什么,而是让读者通过阅读体验感受到发生了什么:音乐的温柔质感是通过词语的发音营造出来的。在(前文引用的)描述这种体验的句子中,"当我们"(while we were,三个单音节词重复着轻柔的"w"音)之后是"静静地坐着"(sitting in silence,两个双音节词都以轻柔、感性的"s"音开头)。接着这个句子又用"away"、"was"和"when"这些词让"while we were"中轻柔的"w"音持续回响,并在结尾处用"包括我妻子"(including my wife)这三个附加的词,像手榴弹一样炸开。这个结尾部分的核心词"妻子(wife)"同样用轻柔的"w"音,传递了这样的一种感觉:这个词已经完全被遮蔽了,躺在那里静待前面所有的那些文字。前面的主句轻柔的发音在读者的阅读体验中营造了西尔斯与患者相互之间感受到的爱的宁静,而紧随其后的想法,"包括我妻子"(including my wife),强有力地刺穿了这种梦幻般的平静。

西尔斯用这种方式为读者在阅读体验中营造出了,他在分析中的那个时刻所感受到的那种突然而又出乎意料的惊慌。像西尔斯一样,读者也对这种发展变化感到措手不及,并质疑西尔斯是否真的像他自己所说的那样:觉得患者对他来说比他妻子还珍贵?"包括我妻子"这个紧凑的短语传达了他对这个问题的答案是毫不含糊的:是的,他就是这么认为的。而这一点是如此地令西尔斯害怕,致使他过早地突然结束了治疗。我相信,正是这样的描述在读者那里唤起的惊慌失措感在很大程度上导致了,西尔斯在呈报他的工作时会在读者心中唤起强烈愤怒的坏名声。西尔斯拒绝对体验进行修饰。阅读他作品的体验不是感觉逐渐达成理解,而是感觉被粗暴地唤醒,去面对关于分析师对患者的体验的令人不安的真相。西尔斯认为,患者和分析师持续地体验到自己被"唤醒"构成了分析体验的一个至关重要的部分。当治疗师不能对治疗中发生了什么保持清醒,治疗室内的见诸行动(acting in)和治疗室外的见诸行动(acting out)(无论是在患者方面还是在治疗师方面)就很可能会发生。在这里,西尔斯对自己临床工作的描述也隐含了这部分临床理论。

在讨论另一段(发生在上述临床体验的几年之后的)涉及对男患者的俄狄浦斯爱的分析体验时,西尔斯讲到自己对一位偏执型精神分裂症的重症男患者体验到一种温柔的爱和残忍的恨相混合的感受:

> ……那是在我们分析的第三年和第四年,他说我们结婚了……有一次,我开车去和他进行分析会谈时顺便载了他一程,我对于当时自己体验到的全然愉悦的幻想和感受感觉很奇妙,就好像我们是刚刚踏入婚姻的爱侣,整个美妙的世界在我们面前展开;我憧憬着去……一起挑选家具……

(p.295)

最后这个"去……一起挑选家具"的细节深切地传达了一种兴奋感,不是性唤起的那种兴奋,而是在梦想和计划着与爱人共同的生活。在俄狄浦斯爱中,这些存在于孩子与父母双方,以及患者与分析师双方内心的梦想,是无法与眼前这个爱的客体一起去实现的:"我内心充满了一种心痛的认识——我对这个已经持续住院14年的男人的愿望是如此彻底而悲剧性地不可实现"(p.296)。在这第二个对男性的俄狄浦斯爱的案例中,西尔斯为自己对患者的爱感到悲伤,而不是害怕。读到这里时,对于西尔斯用自己的车搭载一个令他体验到爱的感觉和结婚幻想的患者,我感到惊讶,而不是震惊;而西尔斯为这个患者再创造精神分析的能力,用西尔斯自己的话来说,令我感到"奇妙"(p.295),而不是震惊或害怕。不仅西尔斯通过这期间的工作获得了情感上的成长,或许我作为读者也在阅读他作品的体验中成熟起来。

在西尔斯讲述自己作为父亲和丈夫的体验时,这篇文章逐渐走向了尾声。我将在这里整段引用他的文字,因为任何形式的复述或摘录都无法传达出,西尔斯通过精心挑选词句所营造的效果:

不仅是我与患者的工作,我作为丈夫和父母的体验也让我确信,我在这里所提出的这些概念的有效性。我女儿现在八岁了,从她两三岁时开始,和她时常对我表现出的罗曼蒂克的爱慕和引诱的行为相呼应,我对她体验到无数关于浪漫爱情的幻想和感受。当她无比自信地对我调情,而我感到被她的魅力迷住时,过去我有时会感到担心,但后来我开始确信,我们处在这种关系中的时刻只会滋养她正在发展中的人格,同时对我来说也是愉悦的。我想,如果一个小女孩对于与自己朝夕相处、如此了解她并且血肉相连的父亲,都不相信自己能够赢得他的心,那将来当她成长为年轻女人之后,怎么可能会对自己的女性魅力有深度的信心?

在我的印象中,我现年11岁的儿子的俄狄浦斯欲望同样也在我妻子那里找到了鲜活而全心全意的情感回应,我也同样确信,他们彼此之间的深爱和公开的相互吸引对我儿子是有益的,也滋养了我妻子。对我而言这是合乎情理的:一个女人越爱她丈夫,那她也同样会越爱那个少年,那个在很大程度上是她深爱并与之结婚的男人的年轻版本。

(p.296)

在这段文字中,西尔斯根据自己的体验直接得出结论:关于人们彼此之间的情感影响,他认为什么是"合乎情理"的。仅仅根据某人的体验来判断什么是"合乎情理"的——我想不出还有什么比这更好的方式,可以传达西尔斯的精神分析思想及其实践方法的本质核心。

这篇文章的整体行文,尤其是这一段,感觉就像是一组系列照片,一幅比一幅更精心制作,一幅比一幅更成功地捕捉到所要拍摄的主题的核心,那就是分析关系。在这段话中,对我来说最鲜活的句子和图像——经常在我做分析时出现在我内心的句子和图像——是西尔斯用来描述他女儿的那些句子和图像,她作为一个小孩子能够把她爸爸缠在她的小手指上:"如果一个小女孩……都不相信自己能够赢得父亲的心,那将来当她成长为年轻女人之后,怎么可能会对自己的女性魅力有深度的信心(p.296)?"但是,即便在西尔斯的女儿让他神魂颠倒时,他的妻子(在上文中曾处在他对一位患者的爱的影子里)也依然有她的位置,她与西尔斯对彼此的爱是他们对孩子的俄狄浦斯爱的根源。在写作和阅读这篇文章的体验中,有一个变化过程在发生:从对(俄狄浦斯式的)爱着的那个人的迷恋,到对父母之间的成人的爱的"复原",是俄狄浦斯体验的压舱石。

随着西尔斯文章的进行,读者越来越意识到弗洛伊德(明确的)和西尔斯(很大程度上是隐含的)对于俄狄浦斯情结的理论构想之间的差异。西尔斯指出,在弗洛伊德(Freud,1900)对俄狄浦斯情结最初的描述中(在《梦的解析》中),比起在他后来的其他作品中,弗洛伊德"更充分地承认了父母"对孩童的俄狄浦斯阶段的参与(Searles,1959,p.297):

> 父母的行为也证明了性别偏好的规律:我们通常看到的一种自然的偏好是,男人倾向于宠爱他的小女儿,而妻子偏袒儿子。
>
> (Freud,1900,pp.257-258;由Searles引用,1959,p.297)

在西尔斯勾勒的图景中,无论是对孩童还是对父母,俄狄浦斯爱都是一种生机勃勃的现象,在很大程度上构成人类生活的多姿多彩;而与之相比,(弗洛伊德的)这种关于父母对孩童的俄狄浦斯爱的陈述只是一个苍白的描绘。但这并不是西尔斯和弗洛伊德关于俄狄浦斯情结的理论构想的主要区别。弗洛伊德认为(Freud,1910,1921,1923,1924,1925),健康的俄狄浦斯情结是孩童与父母的三角关系,他对父母的一方怀有性欲和浪漫之爱,而对另一方则抱有嫉妒、强烈的竞争和谋杀欲望;孩童的恐惧和罪疚让他(在面对阉割威胁时)放弃对父母的性和爱的欲望;并在超我形成过程中内化威胁性和惩罚性的俄狄浦斯父母。

相比之下,西尔斯版本的俄狄浦斯情结则是,孩童体验到对一方父母的浪漫之爱和性爱(希望与之"结婚"并一起组建家庭共同生活的愿望),并且这些爱的体验在父母和孩童之间是相互呼应的。这里也存在与另一方父母的竞争和嫉妒,但比弗洛伊德构想中的孩童想要杀死父母的愿望要柔和得多。西尔斯版本的俄狄浦斯体验并不终止于孩童由于阉割威胁而感觉被击败,也不会长久地留下内疚感,不需要放弃或羞愧地隐藏对父母的性和爱的欲望。

西尔斯认为,健康的俄狄浦斯情结是一个关于爱与丧失的故事,父母坚定而又慈悲地承认自己作为父母和夫妻的身份,从而守护着父母–孩童之间的相互回馈的浪漫之爱。父母对自己身份的承认,有助于孩童（以及父母自身）接受这样一个现实:这种强烈的父母–孩童的爱的关系必须要放弃:

> 我认为,这种放弃 [和孩童的俄狄浦斯爱的相互回馈性一样] 也是孩童和父母对彼此体验到的东西,是出于对公认的更大的限制性现实的顺从,这种现实不仅包括由处于竞争位置的那一方父母持有的禁忌,还包括被孩童出于俄狄浦斯爱而渴望拥有的那一方父母对其配偶的爱——这份爱先于孩童的出生而存在,并且在某种意义上,正是因为这份爱才有了孩童的生命。

（p.302）

在这个版本的俄狄浦斯情结中,孩童感觉到自己的浪漫之爱和性爱被接纳、被重视和给予回馈,同时伴随着一种对自己必须生活在一个“更大的限制性现实”中的坚定的承认。这两个因素——爱和丧失——让孩童在心理上变得强健。第一个因素——相互回馈的俄狄浦斯爱——增强了孩童的自我价值感。而第二个因素——在俄狄浦斯的浪漫之爱终结时带来的丧失感——有助于孩童建立"公认的更大的限制性现实"感（p.302）。这种更大的限制性现实感意味着孩童更有能力承认和接受自己愿望的不可实现性。这一迈向成熟的步伐更多地有赖于孩童现实检验能力的成熟和区分内外现实的能力的建立，而非对一个严厉的、威胁性和惩罚性的父母形象的内化（也就是说超我形成）。西尔斯认为，俄狄浦斯情结的主要"产物"并非超我形成，而是获得一种自我感，觉得自己是一个能够去爱也被爱着的人，同时承认（伴随着一种丧失感）外部现实的约束。

　　我们可以从这段话中听到对前文提出的问题的部分回答，那个问题是："西尔斯是否认为反移情的爱比其他类型的爱更不真实？"答案显然是否定的。反移情中的爱与其他类型的爱的不同之处在于，分析师有责任识别出，他所体验到的对患者的爱以及患者对他的爱是分析关系的一部分，并利用他对这些感受的觉察来推进他与患者正在进行的治疗工作：

　　这些[对患者爱的]感受像所有其他感受一样进入他[分析师]内心，不会有任何标记注明它们从何而来；唯有当分析师较为开放地允许这些感受出现在他的意识中，他才有机会开始去发现……它们在与患者工作中的意义。

（pp.300–301）

　　这一见解，即感受"不带标记"地进入分析师的内心，对于西尔斯关于反移情中的俄狄浦斯爱的理论构想以及他对精神分析的整体构想，都是至关重要的。分析师的任务是，首先允许自己对于在分析经历的此时此地自己所感受到的一切,能够以充分的情感强度去体验。只有这样,他才有可能分析性地利用自己的情感状态。

潜意识认同

　　下面我将讨论西尔斯的另一篇文章《潜意识认同》(Searles,1990),这是一篇很重要但却鲜为人知的作品,收录在一本14位分析师的论文集中,在《反移情中的俄狄浦斯爱》出版30多年后出版。这篇文章展现了西尔斯临床思想的最高发展形态。毫无疑问,西尔斯这篇1990年的文章中的论述者和他1959年的文章(指《反移情中的俄狄浦斯爱》)中的论述者是同一个人,但这个论述者现在变得更加睿智,更加技巧娴熟,更加敏锐地意识到自己的局限性。在1990年的这篇文章中,西尔斯比在《反移情中的俄狄浦斯爱》一文中用到的精神分析理论甚至更少。就我的发现来说,在这篇文章中,西尔斯只用了两个分析理论:动力性潜意识概念和移情–反移情概念。西尔斯将理论的运用削减到极致所产生的效果是,为读者营造了类似于阅读高雅文学作品的体验:呈现一个情境,让人物身处其中,为自己说话。

　　西尔斯以一个隐喻开始了这篇文章:

　　在本章中我的主要目的是提供多种多样的临床片段,读者可以从中发现,在一种相对简单明显的意识之下或之后,潜意识认同的分叉是多么的枝繁叶茂；就像在海洋植物水面上可见的几片零星叶子之下，我们可以发现它们在水下的部分要繁茂得多。

（1990，p.211）

西尔斯在开篇的这个句子中提出了他的理念，即他是如何看待在分析关系中意识和潜意识体验之间的关系的。意识体验是"相对简单和明显的"，只要一个人自己去留意、去构建就可以获得，而潜意识体验位于意识体验"之下或之后"，与意识体验紧密相连，犹如海洋植物"繁茂"地在水下"分叉"的部分与"在水面上可见的几片零星叶子"紧密相连。在我看来，这个隐喻中暗含了这样一种理念：一个人不必是海洋生物学家，也可以注意到海洋植物的一些特性，他越能有精细的洞察力，就越能了解植物的生长方式以及它为何以这种方式生长。并且，一个拥有训练有素的观察力的人，也更有可能对他所观察到的东西感到好奇、困惑和惊叹。可是，西尔斯使用这个隐喻并没有表达出他的思考和工作方式中最重要的部分，我希望自己在对下面这篇文章的讨论过程中能够展示这一点。

西尔斯在文中列举的第一个临床案例，描述了他与一位年长女性的工作。这位患者已经多年没有收到女儿的来信了，在收到一封（当时40多岁的）女儿的来信后，患者不知道该怎么回复，就把信件带到了咨询室让西尔斯看。西尔斯想了想，说："我有个感觉，因为我不是你，我对于考虑该如何回复这封信感到不舒服"（p.214）。随后，西尔斯在文章中对读者解释道：

　　事实上,对我来说,这段互动中最令人印象深刻的部分是:在我伸出手接受这封信之前的一瞬间,我有种非常强烈的感觉——我不该读这封信,因为我不是收信人。鉴于她显然希望我读这封信,我对这种抑制的力量感到震惊。

　　当我说话时,一个想法浮现在我的脑海里,于是我说:"我想,是否你也有那样的感觉,觉得你也不是这封信的收信人?"对此,她以强烈肯定的方式做出了回应;她说,她过去的确做了她女儿在这封信里所说的那些事情,但那已经过去多年了,而这些年来她接受了大量的心理治疗。也就是说,她强烈地肯定了这一点,即对于我感受到的"我不是这封信的收信人",在她那里也有一个对应的感受,那就是她也强烈地感受到自己不是这封信的收信人。在这里,尽管这种感受极为压抑,她的肯定还是在一定程度上表达了出来,足以让我知道,她需要我做出这样的解释,来帮助她可以清晰地了解并表达这些感受。

(pp.214–215)

　　这里呈现的分析事件的关键点在于,西尔斯在伸出手去接这封信之前的一瞬间意识到,他对于读一封并非写给他的信感到不舒服。但是,在我看来,基于这种感觉/想法,西尔斯做了一些令人震惊的事情:他在内心把这种体验"由内部变成外部",从而揭示出某种对他自己、对患者,以及对作为读者的我来说感到真实的东西。(对于我使用的这个隐喻,将体验由内部变成外部,读者需要记住的很重要的一点是,就像在莫比乌斯环的表面上会发生的那样,在一个持续的过程中,内部不断地变成外部,而外部不断地变成内部。)西尔斯提取了自己的"内部"(感受),即感

觉看一封并非给自己的信是不合适的——"内部"的意思是,这是他自己
个人化的反应——然后将其变成"外部"。我用"外部"这个词的意思是
指情境,也就是更大范围的情感现实,在这里他体验到自己与患者之间
正在发生的事情,以及,进一步扩展来说,在这里患者体验到与她女儿的
关系。恰恰是这种反转是在阅读西尔斯作品的体验中最令人惊讶,甚至
时常令人大吃一惊的:发生了一种突然的转换,从西尔斯的内心活动(对
于正在发生什么,他以异常敏锐的感知力所做出的情感反应),变成了不
可见的外部心理情境,在这里患者正体验着自己。

这种反转不同于将潜意识意识化。西尔斯所做的远比潜意识意
识化要精妙得多。在这个案例中,患者所体验到的"自己不再是她女
儿想象中的那个人",并不是一种压抑的潜意识想法和感受,而是患
者身处其中的内部情感环境的一部分。这种患者尚未命名的自己的
情感母体构成了关于她已经变成了什么样的人的真相的一部分。在
他描述的这段互动中,西尔斯首先需要在自己内部进行一次转化,将
"情境"变成"内容":把他关于自己的感知(即他不是这封信的收件人)
这个"不可见"的情境变成"可见的"、能思考的内容。西尔斯在把想
法说出来的过程中,产生了一种感受/想法,即患者体验到自己不是这
封信要写给的那个人:"当时我在说话时,一个想法浮现在我的脑海
里……"(p.214)。西尔斯不是在把自己的想法说出来,而是在对自己
所说的话进行思考。也就是说,在这个说的过程中,内部逐渐变成外
部,思考逐渐变成言说,无法思考的情境逐渐变成可以思考的内容,体
验逐渐由内部变成外部。

关于西尔斯是怎样把自己的体验从内部变成外部的,下面我将再举

一个例子。在他这篇文章后面部分的临床讨论中,他叙述了一些他被患者问"你好吗"的情境,他说他经常感觉:

> 我是多么想毫无负担地告诉患者……关于我此刻感受的各种细节;但鉴于我们的真实处境,我知道这是多么不可能的事,因此大多数时候我都是带着苦涩,用戏谑的语气回应道"还不错",或只是点点头。
>
> (p.216)

最终,西尔斯每次都出乎意料地再次发现,患者当时的感受与西尔斯的感觉非常类似——也就是说,在当时的情境中,患者也觉得不可能告诉西尔斯自己(患者)感觉如何。这是因为"他 [指患者,觉得自己]是应该帮助我的人"(p.216),就像他在童年时期与父母的关系中体验到的那样。当西尔斯对当时的情境获得了这样的理解时,他保持着沉默,但对发生的事情的理解"使我能够……营造一种氛围,让患者感觉到他被对待的方式含有比以前更多的真诚的耐心与共情"(p.216)。

在这个临床情境中,西尔斯意识到,作为自己患者的分析师,他的情感体验的背景中至关重要的一部分是,在这个分析中,他(西尔斯)希望自己是患者。当他回应患者的问题/邀请时,他听出了自己声音中的苦涩,这让他能够将无法思考的情境转化为可思考的内容。这种转化使得西尔斯能够向患者(以非言语的方式)传达,自己对于患者的不可见的(无声的)苦涩的理解,这种苦涩来自患者觉得自己没有权利在自己的分析中做患者。在这里,西尔斯又一次做了这样的心理工作,即将自己的"内部的"情感背景(他希望是自己在被分析)转化为"外部的"(可思考,能被言语象征化表达的）想法和感受。西尔斯所做的这种心理工作，促成了分析关系的"氛围"的改变。患者体验中原本无法思考的背景（他觉得这个分析不是他自己的分析）现在进入了一个持续被西尔斯有意识地思考以及被患者潜意识地思考的过程中。

我将用西尔斯自我分析的一个片段作为最后一个例子来说明，西尔斯的思考方式在很大程度上由于他独特的将内在体验外化的方式而显得很特别：

多年以来我一直喜欢洗碗，而且经常感觉这是我生命中自己完全能应付自如的一件事。我一直认为，在我洗碗时，认同了我母亲，她在我童年时就是这样惯常地洗碗的。直到近几年……我才开始发现，对我母亲洗碗这件事，我的认同不仅体现在形式上，也体现在精神上。我以前从未容许自己考虑这种可能性：她也可能长期感到不堪重负，无法应付自己的生活，以至于洗碗这件事，成了她生命中感觉自己能轻松自如地应付的那部分。

（p.224）

除了西尔斯之外，没人会写出这样的文字——部分原因是这要求作者如此精妙地掌握一种艺术，即能够深刻地看到看似普通的意识体验的内部。西尔斯知道一件鲜有分析师知道的事情：只存在一个意识，意识的潜意识层面体现在意识之中，而非在意识之下或意识之后。悖论的是，西尔斯在实践层面上了解这一点，并在他呈现的几乎所有临床案例中运用这一点，但在就我所知的范围内，他从未在自己的写作中讨论过对意识的这种理论构想。而且，在我前面引用过的文章开篇的那句话里，当西尔斯说潜意识认同存在于意识认同"之后或之下"时，他的观点显然与我这里说的这种对于意识和潜意识之间的关系的理解相抵触。这个句子中的这种对于意识和潜意识体验之间关系的构想（以及紧随其后的海洋植物的比喻）并不符合西尔斯在这篇文章中如此有说服力地阐明地对意识和潜意识体验之间的关系的这种理解。我相信，基于西尔斯在临床工作中展现出来的状态，更准确地反映其观点的说法是，意识和潜意识体验是单一意识的两种品质，我们通过观察意识体验之中有什么，而不是其之后或之下有什么，来进入体验的潜意识维度。

在这段对他洗碗时的心理状态的叙述中，西尔斯多年来一直认为，自己对于洗碗的态度——喜欢洗碗并觉得这是"我生命中自己完全能应付自如的一件事"——是对他母亲洗碗这件事的"形式"上的认同，而非"精神"上的认同。当西尔斯更深入地探究自己洗碗的体验时，读者（以及西尔斯）感到吃惊。他开始意识到自己已经"知道"的事情，其中有一些他此前不知道的部分：他洗碗的体验发生在一个强有力而又不可见的情感背景中，即一种深切的不胜任感。西尔斯将这种原先无法思考的背景转化为可思考的情感内容：

> 我以前从未容许自己考虑这种可能性：她也可能长期感到不堪重负，无法应付自己的生活，以至于洗碗这件事，成了她生命中感觉自己能轻松自如地应付的那部分。

(p.224)

对于新近对自己和他母亲所产生的理解的真实（以及美），西尔斯并不只是通过自己的描述来告诉读者，而是通过唤起的意象展现给读者的。孩提时期的小西尔斯看着母亲站在堆满餐具和洗碗液的水槽旁，这样的画面不仅反映了一个男孩与他抑郁的母亲一起生活的日常体验，还传达了一种情感的浅度（就像深度非常有限的厨房水槽），超越这个程度的情感是他母亲不敢也不能达到的。

西尔斯与比昂

我将简要总结西尔斯的思想与比昂的思想之间的互补性，这是我在写这一章的过程中出乎意料的"发现"。西尔斯的天性让他倾向于不去（或许是不能做到）在比临床理论更抽象的水平上建构他的思想。与之形成鲜明对比的是，致力于发展精神分析理论的比昂，对于怎样在分析情境中运用自己的理论，只为他的读者提供了极少的直观感受。我将以高度浓缩的方式来讨论西尔斯和比昂作品的三个方面，基于这些讨论，我建议，要想充分理解其中任何一位的作品，读者需要同时熟悉两位作者的作品。

容器-所容物

在前面讨论到，当西尔斯面对他的患者让他读患者的女儿写给患者的一封信时,他所采用的工作方式让我产生了一种想法,即我们可以把西尔斯的思考方式看作"将内部体验外化"——他把原本不可见、无法思考的体验的背景转化成体验性的内容,从而让他和患者能就此进行思考和对话。我对西尔斯的做法的隐喻性描述(在我没有意识到的情况下)借用了比昂的(Bion, 1962a)容器–所容物的概念。容器–所容物的概念提供了这样一种思考方式:心理内容(想法和感受)可能会淹没和毁坏思考能力(容器)(参见第六章以及奥格登,2004c,对比昂的容器–所容物概念的讨论)。西尔斯的患者可能怀有极其强烈的内疚感,以至于限制了她的思考能力,让她无法去思考一些想法,即自己已经发生了怎样的改变,这种思考能力的受限意味着她没有了可以去对自己的想法做潜意识心理工作的工具。西尔斯能够思考(涵容)关于他自己的类似于患者无法思考的想法,即他在考虑阅读一封并非写给他的信时所感受到的内疚/不安。西尔斯通过告诉患者他的想法,即他猜想患者也觉得这封信件不是写给她的,而帮助患者涵容/思考她自己先前无法思考的想法和感受,即她已经获得了心理上的成长。

通过以这种方式理解西尔斯的作品,我创造出了一种西尔斯的作品中原本没有的视角——也就是这样一种理论构想:在分析互动的每个转折点,都涉及想法和思考能力这二者之间强有力的相互作用。与此同时,西尔斯描述发生在移情–反移情中的情感变化的非凡能力,使得容器–所容物概念在体验层面的应用变得鲜活,而这一点在我看来是比昂无法在他的作品中企及的。

人类对真相的需要

在西尔斯对自己的临床工作的描述中,处处可见他(对待自己以及对待患者)炽烈到令人灼痛的诚实。我马上能想到的例子,包括在本章的讨论中提到的:西尔斯承认,自己在俄狄浦斯移情-反移情体验的激烈影响下,强烈地想要和患者结婚的愿望(尽管来自内部和外部的压力都让他倾向于不去承认);他惊慌不安地意识到,自己对一位男性精神分裂症患者深深的柔情竟然比他对妻子的爱还要多,还有,他能够意识到,在他给患者做的分析中,由于自己不是患者而没有权利详细告诉患者自己的感受,这令他感到苦涩。西尔斯显然认为,直截了当地面对在分析关系中发生的事情的真相,是分析工作中不可或缺的要素,而比昂却在更高的抽象水平上对这样的临床发现进行了理论建构——他提出,人类动机的最根本原则是他需要了解自己亲历的情感体验的真相。"出于对患者福祉的考虑,要求我们不断为他提供真相,就如同食物对他的身体生存一样不可或缺"(Bion,1992,p.99;也见第六章)。没有人能比西尔斯更好地向读者展示,人类对真相的需要在移情-反移情中是怎样呈现的、感受如何,以及这种需要是如何影响分析体验的;而比昂则把这个观点诉诸语言,并将它置于和整个精神分析理论的关系中,为之找到恰当的位置,从而创造出这样一种理解人类处境的方式,在这种理解中,对真相的需要处于核心地位。

对意识体验和潜意识体验之间的关系的重新建构

显然,在西尔斯对自己的分析工作的描述中,对分析师的意识体验和潜意识体验之间的关系的构想,与我们通常构想的这二者之间的关系有很大的不同。西尔斯虽然没有明确说出他的构想,但他向读者展示了如何将意识作为一个整体来加以利用——也就是说,在分析情境中创造条件,让分析师可以通过由无缝链接的意识体验和潜意识体验的连续体构成的意识,来觉察在移情–反移情中发生了什么。这些西尔斯通过临床叙述呈现出来的思想,在比昂的作品中被识别出来,并且比昂利用这些认识彻底地改写了拓扑地形模型,革新了精神分析理论。比昂对拓扑地形模型的改写,在最不可能的地方取得了突破性进展;至少对我来说,精神分析理论如果没有了潜意识心理与意识心理是相分离的("在意识之下")这个理念,几乎是无法想象的。而比昂认为,意识和潜意识"心理"这二者不是两个单独的实体,而是单一意识的两个维度。比昂(Bion,1962a)认为,意识和潜意识的划分,只是为了便于观察和思考人类体验而人为构想的一个视角。换句话说,意识和潜意识对同一个实体从不同的角度进行观察时看到的不同方面。无论是否易于被感知,潜意识始终是意识的一个维度,正如星星始终挂在天空中,无论是否被太阳的光芒遮蔽。

在西尔斯最早开始描述(写于20世纪50年代和20世纪60年代)自己与慢性精神分裂症患者的工作时,他讲到自己的工作有赖于一种模糊了意识和潜意识体验的界限的心理状态,而几乎是在同一时期,比昂(Bion,1962a)发展了关于"遐想"的概念(一种对自己和对患者的意识/

潜意识体验保持开放接纳的状态）。我们无从分辨，在多大程度上比昂受到了西尔斯的影响，抑或是西尔斯受到了比昂的影响。西尔斯对比昂作品的引用仅限于其早期关于投射性认同的文章，而比昂没有引用任何西尔斯的作品。尽管如此，我希望我已经清楚地展示了这一点：对比昂作品的了解会从理论概念上丰富西尔斯的作品，而熟悉西尔斯的作品则会为阅读比昂的作品注入更充分的生活体验。

新精神分析图书馆

总编：亚历山德拉·莱玛

新精神分析图书馆于1987年与伦敦精神分析学院联合成立。它的前身是国际精神分析图书馆——该图书馆出版了弗洛伊德的许多早期译本及大多数英国及欧洲大陆精神分析界领军人物的著作。

成立新精神分析图书馆是为了促进对精神分析有更深更广的认识，并为加深精神分析学家与其他学科专家（如社会科学、医学、哲学、历史、语言学、文学和艺术）之间的相互理解提供一个论坛。它旨在同时呈现英国的精神分析和一般的精神分析的不同发展趋势。新精神分析图书馆非常适合向英语世界提供欧洲其他国家的精神分析文章，并增加英美精神分析学者之间的思想交流。在教学系列中，新精神分析图书馆现在还出版了一些书籍，为那些研究精神分析及其相关领域者（如社会科学、哲学、文学和艺术等）提供全面而又通俗易懂的综述。

伦敦精神分析学院与英国精神分析协会一起运营着一家低收费标准的精神分析诊所，组织有关精神分析的讲座和科学活动，并出版《国际精神分析杂志》。它有一个精神分析培训课程，旨在培养IPA成员——该协会保留着国际公认的培训标准，专业准入许可以及由西格蒙德·弗洛伊德开创和发展的精神分析职业伦理和实践。该研究所的杰出成员包括迈克尔·巴林特、威尔弗雷德·比昂、罗纳德·费尔贝恩、安娜·弗洛伊德、欧内斯特·琼斯、梅兰妮·克莱因、约翰·里克曼和唐纳德·温尼科特。

《国际精神分析杂志》前总编有达娜·伯克斯特德·布林、大卫·塔克特、伊丽莎白·斯普洛尤斯和苏珊·巴德。

现顾问委员会的成员包括丽兹·阿利森、乔凡娜·迪·切利、罗斯玛丽·戴维斯和理查德·拉斯布里杰。

前顾问委员会的成员包括克里斯托弗·博拉斯、罗纳德·布里顿、卡特琳娜·布隆斯坦、唐纳德·坎贝尔、莎拉·佛兰德斯、斯蒂芬·格罗茨、约翰·基恩、埃格勒·劳费尔、亚历山德拉·莱玛、朱丽叶·米切尔、迈克尔·帕森斯、罗西纳·约瑟夫·佩雷尔伯格、玛丽·塔吉特和大卫·泰勒。

新精神分析图书馆出版的部分经典图书如下：

新精神分析图书馆的治疗系列

Impasse and Interpretation, Herbert Rosenfeld.

Psychoanalysis and Discourse, Patrick Mahony.

The Suppressed Madness of Sane Men, Marion Milner.

The Riddle of Freud, Estelle Roith.

Thinking, *Feeling*, *and Being*, Ignacio Matte-Blanco.

The Theatre of the Dream, Salomon Resnik.

Melanie Klein Today: Volume 1 , Mainly Theory , Edited by Elizabeth Bott Spillius.

Melanie Klein Today: Volume 2 , Mainly Practice , Edited by Elizabeth Bott Spillius.

Psychic Equilibrium and Psychic Change: Selected Papers of Betty Joseph , Edited by Michael Feldman and Elizabeth Bott Spillius.

About Children and Children–No–Longer: Collected Papers 1942–1980 Paula Heimann.Edited by Margret Tonnesmann.

The Freud–Klein Controversies 1941–1945 , Edited by Pearl King and Riccardo Steiner.

Dream , Phantasy and Art , Hanna Segal.

Psychic Experience and Problems of Technique , Harold Stewart.

Clinical Lectures on Klein and Bion , Edited by Robin Anderson.

From Fetus to Child , Alessandra Piontelli.

A Psychoanalytic Theory of Infantile Experience: Conceptual and Clinical Refl ections , E.Gaddini.Edited by Adam Limentani.

The Dream Discourse Today , Edited and introduced by Sara Flanders.

The Gender Conundrum: Contemporary Psychoanalytic Perspectives on Feminitity and Masculinity , Edited and introduced by Dana Birksted–Breen.

Psychic Retreats , John Steiner.

The Taming of Solitude: Separation Anxiety in Psychoanalysis , Jean–Michel Quinodoz.

Unconscious Logic: An Introduction to Matte–Blanco's Bi–logic and its Uses , Eric Rayner.

Understanding Mental Objects, Meir Perlow.

Life , Sex and Death: Selected Writings of William Gillespie , Edited and introduced by Michael Sinason.

What Do Psychoanalysts Want? The Problem of Aims in Psychoanalytic Therapy , Joseph Sandler and Anna Ursula Dreher.

Michael Balint: Object Relations , Pure and Applied , Harold Stewart.

Hope: A Shield in the Economy of Borderline States , Anna Potamianou.

Psychoanalysis, Literature and War: Papers 1972–1995 , Hanna Segal.

Emotional Vertigo: Between Anxiety and Pleasure , Danielle Quinodoz.

Early Freud and Late Freud , Ilse Grubrich–Simitis.

A History of Child Psychoanalysis , Claudine and Pierre Geissmann.

Belief and Imagination: Explorations in Psychoanalysis , Ronald Britton.

A Mind of One's Own: A Kleinian View of Self and Object , Robert A.Caper.

Psychoanalytic Understanding of Violence and Suicide , Edited by Rosine Jozef Perelberg.

On Bearing Unbearable States of Mind Ruth Riesenberg–Malcolm.Edited by Priscilla Roth.

Psychoanalysis on the Move: The Work of Joseph Sandler , Edited by Peter Fonagy , Arnold M.Cooper and Robert S.Wallerstein.

The Dead Mother: The Work of André Green , Edited by Gregorio Kohon.

The Fabric of Affect in the Psychoanalytic Discourse , André Green.

The Bi–Personal Field: Experiences of Child Analysis。 Antonino Ferro.

The Dove that Returns , the Dove that Vanishes: Paradox and Creativity in Psychoanalysis , Michael Parsons.

Ordinary People, Extra-ordinary Protections: A Post-Kleinian Approach to the Treatment of Primitive Mental States, Judith Mitrani.

The Violence of Interpretation: From Pictogram to Statement, Piera Aulagnier.

The Importance of Fathers: A Psychoanalytic Re-Evaluation, Judith Trowell and Alicia Etchegoyen.

Dreams That Turn Over a Page: Paradoxical Dreams in Psychoanalysis, Jean-Michel Quinodoz.

The Couch and the Silver Screen: Psychoanalytic Refl ections on European Cinema, Edited and introduced by Andrea Sabbadini.

In Pursuit of Psychic Change: The Betty Joseph Workshop, Edited by Edith Hargreaves and Arturo Varchevker.

The Quiet Revolution in American Psychoanalysis: Selected Papers of Arnold M. Cooper Arnold M. Cooper, Edited and introduced by Elizabeth L. Auchincloss.

Seeds of Illness and Seeds of Recovery: The Genesis of Suffering and the Role of Psychoanalysis, Antonino Ferro.

The Work of Psychic Figurability: Mental States Without Representation, César Botella and Sára Botella.

Key Ideas for a Contemporary Psychoanalysis: Misrecognition and Recognition of the Unconscious, André Green.

The Telescoping of Generations: Listening to the Narcissistic Links Between Generations Haydée, Faimberg Glacial.

Times: A Journey Through the World of Madness, Salomon Resnik.

This Art of Psychoanalysis: Dreaming Undreamt Dreams and Interrupted Cries, Thomas H.Ogden.

Psychoanalysis as Therapy and Storytelling Antonino Ferro Psychoanalysis and Religion in the 21st Century: Competitors or Collaborators?, Edited by David M.Black.

Recovery of the Lost Good Object Eric Brenman, Edited and introduced by Gigliola Fornari Spoto.

The Many Voices of Psychoanalysis Roger Kennedy Feeling the Words: Neuropsychoanalytic Understanding of Memory and the Unconscious, Mauro Mancia.

Projected Shadows: Psychoanalytic Refl ections on the Representation of Loss in European Cinema, Edited by Andrea Sabbadini.

Encounters with Melanie Klein: Selected Papers of Elizabeth Spillius Elizabeth Spillius.Edited by Priscilla Roth and Richard Rusbridger.

Constructions and the Analytic Field: History, Scenes and Destiny Domenico Chianese Yesterday, Today and Tomorrow Hanna Segal, Edited by Nicola Abel−Hirsch.

Psychoanalysis Comparable and Incomparable: The Evolution of a Method to Describe and Compare Psychoanalytic Approaches, David Tuckett, Roberto Basile, Dana Birksted−Breen, Tomas Böhm, Paul Denis, Antonino Ferro, Helmut Hinz, Arne Jemstedt, Paola Mariotti and Johan Schubert.

Time, Space and Phantasy Rosine, Jozef Perelberg.

Rediscovering Psychoanalysis: Thinking and Dreaming, Learning and Forgetting, Thomas H.Ogden.

Mind Works: Technique and Creativity in Psychoanalysis Antonino Ferro Doubt, Conviction and the Analytic Process: Selected Papers of Michael Feldman Michael Feldman, Edited by Betty Joseph.

Melanie Klein in Berlin: Her First Psychoanalysis of Children Claudia Frank. Edited by Elizabeth Spillius.

The Psychotic Wavelength: A Psychoanalytic Perspective for Psychiatry, Richard Lucas.

Betweenity: A Discussion of the Concept of Borderline, Judy Gammelgaard.

The Intimate Room: Theory and Technique of the Analytic Field, Giuseppe Civitarese.

Bion Today, Edited by Chris Mawson.

Secret Passages: The Theory and Technique of Interpsychic Relations, Stefano Bolognini.

Intersubjective Processes and the Unconscious: An Integration of Freudian, Kleinian and Bionian Perspectives, Lawrence J.Brown.

Seeing and Being Seen: Emerging from a Psychic Retreat, John Steiner

Avoiding Emotions, Living Emotions, Antonino Ferro.

Projective Identifi cation: The Fate of a Concept, Edited by Elizabeth Spillius and Edna O'Shaughnessy.

The Maternal Lineage, Edited by Paolo Mariotti.

Insight: Essays on Psychoanalytic Knowing, Jorge L.Ahamada.

Creative Readings: Essays on Seminal Analytic Works, Thomas H.Ogden.

新精神分析图书馆的教育系列

Reading Freud: A Chronological Exploration of Freud's Writings, Jean-Michel Quinodoz.

Listening to Hanna Segal: Her Contribution to Psychoanalysis, Jean-Michel Quinodoz.

Reading French Psychoanalysis, Edited by Dana Birksted-Breen, Sara Flanders and Alain Gibeault.

Reading Winnicott, Edited by Lesley Caldwell and Angela Joyce.

Initiating Psychoanalysis: Perspectives, Edited by Bernard Reith, Sven Lagerlöf, Penelope Crick, Mette Møller and Elisabeth Skale.

致　谢

感谢《国际精神分析杂志》允许我在本书中使用以下文章：

A new reading of the origins of object-relations theory. *International Journal of Psychoanalysis* 83:767–782, 2002. Copyright The Institute of Psychoanalysis.

An introduction to the reading of Bion. *International Journal of Psychoanalysis* 85: 285–300, 2004. Copyright The Institute of Psychoanalysis.

Reading Loewald: Oedipus reconceived. *International Journal of Psychoanalysis* 87: 651–666, 2006. Copyright The Institute of Psychoanalysis.

Elements of analytic style: Bion's clinical seminars. *International Journal of Psychoanalysis* 88: 1185–1200, 2007. Copyright The Institute of Psychoanalysis.

Reading Harold Searles. *International Journal of Psychoanalysis* 88: 353–369, 2007. Copyright The Institute of Psychoanalysis.

Why read Fairbairn? *International Journal of Psychoanalysis* 91: 101–

118，2010.Copyright The Institute of Psychoanalysis.

Reading Susan Isaacs: Toward a radically revised theory of thinking.*International Journal of Psychoanalysis* 92: 925-942，2011.Copyright The Institute of Psychoanalysis.

感谢《精神分析季刊》允许我在本书中使用以下文章：

Reading Winnicott.*Psychoanalytic Quarterly* 70:299-323，2001.Copyright the Psychoanalytic Quarterly.

感谢玛尔塔·施耐德·布洛迪（Marta Schneider Brody）对本书各章手稿提出的宝贵意见。感谢吉娜·阿特金森（Gina Atkinson）和帕特丽夏·马拉（Patricia Marra）在本书制作过程中做出的贡献。还要感谢约阿夫·埃弗拉蒂（Yoav Efrati）为本书[1] 的封面和封底提供了他的两幅画作（《读书的人》，2007）。

1　指英文原版。——译者注

参考文献

Barros, E. and Barros, E. (2009). Refl ections on the clinical implications of symbolism in dream life. Presented to the São Paulo Psychoanalytic Society, 8 August 2009. Bellow, S. (2000). Ravelstein. New York : Penguin.

Bion, W. R. (1957). Differentiation of the psychotic from the non-psychotic parts of the personality. In *Second Thoughts*. New York : Aronson, 1967 (pp.93–109).

Bion, W.R. (1959). Attacks on linking. International Journal of Psychoanalysis 40 : 308–315. Bion, W.R. (1962 a). *Learning From Experience*. New York : Basic Books.

Bion, W. R. (1962 b). A theory of thinking. In *Second Thoughts*. New York : Aronson (pp.110–119).

Bion, W.R. (1963). Elements of Psycho-Analysis. In *Seven Servants*. New York : Jason Aronson, 1977.

Bion, W. R. (1967). Notes on the theory of schizophrenia. In *Second Thoughts*. New York : Aronson (pp.23–35).

Bion, W.R. (1970). Attention and Interpretation. In *Seven Servants*. New York : Aronson.

Bion, W.R. (1975). Brasilia clinical seminars. In *Clinical Seminars and Four Papers*. Abingdon, England : Fleetwood Press, 1987 (pp.1–118).

Bion, W.R. (1976). On a quotation from Freud. In *Clinical Seminars and Four Papers*. Abingdon, England : Fleetwood Press, 1987 (pp.234-238).

Bion, W. R. (1978). São Paulo clinical seminars. In *Clinical Seminars and Four Papers*. Abingdon, England : Fleetwood Press, 1987 (pp.121-220).

Bion, W. R. (1982). The Long Week-end, 1987-1919. Abingdon, England : Fleetwood Press, 1982.

Bion, W. R. (1987). Clinical seminars. In F. Bion (ed.) *Clinical Seminars and Other Works*. London : Karnac (pp.1-240).

Bion, W.R. (1992). *Cogitations* (F. Bion, ed.). London : Karnac.

Borges, J. L. (1923). Foreword. In *Jorge Luis Borges: Selected Poems*, 1923-1967 (N.T.Di Giovanni, ed. and trans.). New York : Dell, 1972 (p.269).

Borges, J.L. (1944). Ficciones [Fictions]. Buenos Aires, Argentina : Editorial Sud. Borges, J. L. (1957). Borges and I. In *Labyrinths: Selected Stories and Other Writings* (J. Irbyand P. A. Yates, eds; J.Irby, trans.). New York : New Directions, 1962 (pp.246-247).

Borges, J. L. (1962). Kafka and his precursors. In *Labyrinths: Selected Stories and Other Writings* (J. Irbyand P. A. Yates, eds; J. Irby, trans.). New York : New Directions (pp.199-201).

Borges, J.L. (1984). *Twenty-Four Conversations with Borges: Interviews with Roberto Alifano*, 1981-1983 (Including a Selection of Poems) (N. S. Arauz, W.Barnstone, and N.Escandell, trans.). Housatonic, MA : Lascoux.

Bornstein, M. (1975). Qualities of color vision in infancy. *Journal of Experimental Child Psychology* 19 : 401-419.

Breuer, J. and Freud, S. (1893-1895). *Studies on Hysteria*. SE 2.

Cambray, J. (2002). Synchronicity and emergence. *American Imago* 59 : 409-434.

Chodorow, N. (2003). The psychoanalytic vision of Hans Loewald. *Inter-

national Journal of Psychoanalysis 84 : 897−913.

Chomsky, N.(1957).*Syntactic Structures*.The Hague : Mouton.

Chomsky, N. (1968).*Language and Mind*.New York : Harcourt, Brace and World.

Emerson, E. (1841).Spiritual laws.In *The Essays of Ralph Waldo Emerson*.*Cambridge*, MA : Belknap Press, 1987(pp.75−96).

Fairbairn, W.R.D. (1940).Schizoid factors in the personality.In *Psychoanalytic Studies of the Personality*.London : Routledge and Kegan Paul, 1952 (pp.3−27).

Fairbairn, W. R. D. (1941).A revised psychopathology of the psychoses and psychoneuroses. In *Psychoanalytic Studies of the Personality*. London : Routledge and Kegan Paul, 1952(pp.28−58).

Fairbairn W.R.D.(1943 a).The repression and the return of bad objects (with special reference to the 'war neuroses').In *Psychoanalytic Studies of the Personality*.London : Routledge and Kegan Paul, 1952(pp.59−81).

Fairbairn, W.R.D.(1943 b).Reply to Mrs Isaacs' "The nature and function of phantasy." In *The Freud−Klein Controversies*, 1941−1945 (P.Kingand R.Steiner, eds) (New Library of Psychoanalysis).London : Routledge, 1991 (pp.358−360).

Fairbairn, W.R.D. (1944).Endopsychic structure considered in terms of object−relationships. In *Psychoanalytic Studies of the Personality*. London : Routledge and Kegan Paul, 1952(pp.82−132).

Fairbairn, W.R.D. (1952).*Psychoanalytic Studies of the Personality*.London : Routledge and Kegan Paul.

Fairbairn, W.R.D. (1956).Freud, the psychoanalytical method and mental health.*British Journal of Medical Psychology* 30 : 53−61.

Fairbairn, W.R.D. (1958).On the nature and aims of psychoanalytical treatment.*International Journal of Psychoanalysis* 39 : 374–385.

Fairbairn, W.R.D.(1963).Synopsis of an object–relations theory of personality.*International Journal of Psychoanalysis* 44 : 224–225.

Freud, A.(1936).*The Ego and the Mechanisms of Defense*.New York : International Universities Press, 1965.

Freud, S.(1900).The Interpretation of Dreams.SE 4/5.Freud, S.(1909). Analysis of a phobia in a fi ve–year–old.SE 10.

Freud, S.(1910).A special type of choice of object made by men(Contributions to a psychology of love I).SE 11.

Freud, S.(1914 a).On the history of the psycho–analytic movement.SE 14.

Freud, S.(1914 b).On narcissism: An introduction.SE 14.

Freud, S.(1915 a).*Instincts and Their Vicissitudes*.SE 14.

Freud, S.(1915 b).Repression.SE 14.Freud, S.(1915 c).The unconscious.SE 14.

Freud, S.(1916–17).*Introductory Lectures on Psycho–Analysis*.XXIII. SE 15/16.

Freud, S.(1917 a).Mourning and melancholia.SE 14.

Freud, S.(1917 b).A metapsychological supplement to the theory of dreams.SE 14.

Freud, S.(1921).*Group Psychology and the Analysis of the Ego*.SE 18.

Freud, S.(1923).The Ego and the Id.SE 19.Freud, S.(1924).The dissolution of the Oedipus complex.SE 19.

Freud, S.(1925).Some psychical consequences of the anatomical distinction between the sexes.SE 19.

Frost, R.(1914).Mending wall.In *Robert Frost: Collected Poems, Prose, and Plays*(R.Poirierand M.Richardson, eds).New York : Library of America, 1995(p.39).

Frost, R. (1923 a). The need of being versed in country things. In *Robert Frost: Collected Poems, Prose, and Plays* (R. Poirierand M. Richardson, eds). New York : Library of America, 1995 (p.223).

Frost, R. (1923 b). For once, then, something. In *Robert Frost: Collected Poems, Prose, and Plays* (R. Poirierand M. Richardson, eds). New York : Library of America, 1995 (p.208).

Frost, R. (1939). The figure a poem makes. In *Robert Frost: Collected Poems, Prose, and Plays* (R. Poirierand M. Richardson, eds). New York : Library of America, 1995 (pp.776–778).

Frost, R. (1942 a). The most of it. In *Robert Frost: Collected Poems, Prose, and Plays* (R. Poirierand M. Richardson, eds). New York : Library of America, 1995 (p.307).

Frost, R. (1942 b). Carpe diem. In *Robert Frost: Collected Poems, Prose and Plays* (R. Poirierand M. Richardson, eds). New York : Library of America, 1995 (p.305).

Frost, R. (1947). Directive. In *Robert Frost: Collected Poems, Prose, and Plays* (R. Poirierand M. Richardson, eds). New York : Library of America, 1995 (pp.341–342).

Gabbard, G.O. (1996). *Love and Hate in the Analytic Setting*. Northvale, NJ : Aronson.

Gabbard, G.O. (2007). " Bound in a nutshell": Thoughts on complexity, reductionism and "infi nite space." *International Journal of Psychoanalysis* 88 : 559–574.

Gay, P. (1988). *Freud: A Life for our Time*. New Haven, CT : Yale University Press.

Green, A. (1983). The dead mother. In *Private Madness*. Madison, CT : International Universities Press, 1980 (pp.178–206).

Greenberg, J. R. and Mitchell, S. A. (1983). *Object Relations in Psycho-analytic Theory*.Cambridge, MA : Harvard University Press.

Grotstein, J. S. (1994). Notes on Fairbairn's metapsychology. In *Fairbairn and the Origins of Object Relations*(J.S.Grotsteinand D.B.Rinsley, eds). New York : Guilford(pp.112-148).

Grotstein, J. S. (2000). *Who is the Dreamer who Dreams the Dream? A Study of Psychic Presences*.Hillsdale, NJ : Analytic Press.

Grotstein, J. S. (2007 a).*A Beam of Intense Darkness: Wilfred Bion's Legacy to Psychoanalysis*.New York : Other Press.

Grotstein, J. S. (2007 b). "*... But at the Same Time and at Another Level...*" *Psychoanalytic Technique in the Klein/Bion Mode: A Beginning*.London : Karnac.

Guntrip, H. (1968).*Schizoid Phenomena, Object Relations and the Self*. London : Hogarth.

Heaney, S.(1980).Feeling into words.In *Preoccupations: Selected Prose*, 1968-1978.New York : Noonday(pp.41-60).

Isaacs, S. (1943 a).The nature and function of phantasy.In *The Freud-Klein Controversies 1941-1945*(P.Kingand R.Steiner, eds)(The New Library of Psychoanalysis).London : Routledge, 1991(pp.264-321).

Isaacs, S. (1943 b).Concerning the factual issues.In *The Freud-Klein controversies 1941-1945* (P. Kingand R. Steiner, eds)(The New Library of Psychoanalysis).London : Routledge, 1991(pp.458-473).

Isaacs, S.(1952).The nature and function of phantasy.In *Developments in Psycho-Analysis*(J.Rivière, ed.).London : Hogarth Press, 1952(pp.62-121).

Karp, G.and Berrill, M. (1981).*Development*(2nd ed.).New York : McGrawHill.

Kaywin, R. (1993).The theoretical contributions of Hans Loewald.*Psy-*

choanalytic Study of the Child 48 : 99–114.

Kernberg, O.(1980).*External World and Internal Reality*.Northvale, N J : Aronson.

King, P.(1991). Biographical notes. In *The Freud–Klein Controversies 1941–1945*(P.Kingand R.Steiner, eds). London : Routledge, 1991 (pp.ix-xxv).

Klein, M.(1930).The importance of symbol–formation in the development of the ego. In *Contributions to Psycho–Analysis*, 1921–1945. London : Hogarth Press, 1968(pp.236–250).

Klein, M. (1935). A contribution to the psychogenesis of manic-depressive states.In *Contributions to Psycho–Analysis*, 1921–1945.London : Hogarth Press, 1968(pp.282–310).

Klein, M.(1940).Mourning and its relations to manic–depressive states. In *Contributions to Psycho–Analysis*, 1921–1945. London : Hogarth Press, 1968(pp.311–338).

Klein, M. (1946). Notes on some schizoid mechanisms. In *Envy and Gratitude and Other Works*, 1946–1963.New York : Delacorte Press/Seymour Laurence, 1975(pp.1–24).

Klein, M.(1952).Some theoretical conclusions regarding the emotional life of the infant.In *Envy and Gratitude and Other Works*, *1946–1963*. New York : Delacorte Press/Seymour Laurence, 1975(pp.61–93).

Klein, M. (1955).On identifi cation.In *Envy and Gratitude and Other Works*, *1946–1963*. New York : Delacorte Press/Seymour Laurence, 1975 (pp.141–175).

Kohut, H.(1971).*The Analysis of the Self*.New York : International Universities Press.

Laplanche, J.and Pontalis, J.–B.(1967).Repression.In *The Language of*

PsychoAnalysis(D.N.Smith,trans.).New York : Norton,1973(pp.390-394).

Loewald, H. (1978). Primary process, secondary process and language. In *Papers on Psychoanalysis.* New Haven, CT : Yale University Press, 1980 (pp.178-206).

Loewald, H. (1979). The waning of the Oedipus complex. In *Papers on Psychoanalysis.* New Haven, CT : Yale University Press, 1980(pp.384-404).

Lorenz, K. (1937). *Studies in Animal and Human Behaviour*, Vol. 1 (R. Martin, trans.). London : Methuen.

McLaughlin, B. P. (1992). The rise and fall of British emergentism. In *Emergence or Reduction? Essays on the Prospects of Non-Reductive Physicalism*(A.Beckermann, H.Flohrand J.Kim, eds). Berlin, NY : Walter de Gruyter.

Mitchell, S. H. (1998). From ghosts to ancestors: The psychoanalytic vision of Hans Loewald.*Psychoanalytic Dialogues* 8 : 825-855.

Modell, A. H. (1968). *Object Love and Reality: An Introduction to a Psychoanalytic Theory of Object Relations.* New York : International Universities Press.

Ogden, T. H. (1983). The concept of internal object relations. *International Journal of Psychoanalysis* 64 : 181-198.

Ogden, T. H. (1986). *The Matrix of the Mind: Object Relations and the Psychoanalytic Dialogue.*Northvale, N J : Aronson/London: Karnac.

Ogden, T. H. (1987). The transitional oedipal relationship in female development.*International Journal of Psychoanalysis* 68 : 485-498.

Ogden, T. H. (1989). *The Primitive Edge of Experience.* Northvale, NJ : Aronson/ London: Karnac.

Ogden, T. H. (1994 a). The analytic third-working with intersubjective clinical facts.*International Journal of Psychoanalysis* 75 : 3-20.

Ogden, T. H. (1994 b). *Subjects of Analysis.*Northvale, NJ : Jason Aronson/ London: Karnac.

Ogden, T.H. (1995). Analysing forms of aliveness and deadness of the transference−countertransference. *International Journal of Psychoanalysis* 76 : 695−709.

Ogden, T.H. (1997). *Reverie and Interpretation: Sensing Something Human.* Northvale, NJ : Aronson/London: Karnac.

Ogden, T.H. (1999). *The analytic third: An overview. In Relational Psychoanalysis: The Emergence of a Tradition* (L.Aronand S.Mitchell, eds). Hillsdale, NJ : Analytic Press (pp.487−492).

Ogden, T.H. (2001). *Conversations at the Frontier of Dreaming.* Northvale, NJ : Aronson/London: Karnac.

Ogden, T.H. (2003 a). On not being able to dream. *International Journal of Psychoanalysis* 84 : 17−30.

Ogden, T.H. (2003 b). What's true and whose idea was it? *International Journal of Psychoanalysis* 84 : 593−606.

Ogden, T.H. (2004 a). This art of psychoanalysis: Dreaming undreamt dreams and interrupted cries. *International Journal of Psychoanalysis* 85 : 857−877.

Ogden, T.H. (2004 b). On holding and containing, being and dreaming. *International Journal of Psychoanalysis* 85 : 1349−1364.

Ogden, T.H. (2005 a). On psychoanalytic supervision. *International Journal of Psychoanalysis* 86 : 15−29.

Ogden, T.H. (2005 b). On psychoanalytic writing. *International Journal of Psychoanalysis* 86 : 15−29.

Ogden, T.H. (2005 c). *This Art of Psychoanalysis: Dreaming Undreamt Dreams and Interrupted Cries* (New Library of Psychoanalysis). London : Routledge.

Ogden, T. H. (2006). On teaching psychoanalysis. *International Journal of Psychoanalysis* 87 : 1069–1085.

Ogden, T. H. (2010). On three forms of thinking: Magical thinking, dream thinking and transformative thinking. *Psychoanalytic Quarterly* 79 : 317–347.

Plato (1997). *Phaedrus. In Plato: Complete Works* (J. M. Cooper, ed.). Indianapolis, IN: Hackett (pp.506–556).

Rinsley, D. B. (1977). An object relations view of borderline personality. In *Borderline Personality Disorders* (P. Hartocollis, ed.). New York : International Universities Press (pp.47–70).

Rivière, J. (1936). The genesis of psychical confl ict in earliest infancy. *International Journal of Psychoanalysis* 17 : 395–422.

Rivière, J. (1952). General introduction. In J. Rivière (ed.) *Developments in Psycho–Analysis.* London : Hogarth Press (pp.1–36).

Rosenfeld, H. (1965). *Psychotic States.* New York : International Universities Press.

Sandler, J. (1976). Dreams, unconscious phantasies and 'identity of perception'. *International Review of Psychoanalysis* 3 : 33–42.

Scharff, J. S. and Scharff, D. E. (1994). *Object Relations Theory and Trauma.* Northvale, N J : Aronson.

Searles, H. (1959). Oedipal love in the countertransference. In *Collected Papers on Schizophrenia and Related Subjects.* New York : International Universities Press, 1965 (pp.284–304).

Searles, H. (1990). Unconscious identifi cation. In *Master Clinicians: On Treating the Regressed Patient* (L. B. Boyerand P. Giovacchini, eds). Northvale, NJ : Aronson (pp.211–226).

Segal, H. (1957). Notes on symbol formation. *International Journal of*

Psychoanalysis 38 : 391–397.

Spitz, R. (1965). *The First Year of Life*. New York : International Univer-sities Press.

Steiner, R. (1991). Background to the scientifi c controversies. In *The Freud–Klein Controversies 1941–1945* (P. Kingand R. Steiner, eds). London : Routledge, 1991 (pp.227–263).

Stoppard, T. (1999). Pragmatic theater. *The New York Review of Books*, 46(14): 8–10, 23 September.

Strachey, J. (1957). Papers on metapsychology: Editor's introduction. SE 14.

Sutherland, J. D. (1989). *Fairbairn's Journey into the Interior*. London : Free Associations.

Symington, N. (1986). Fairbairn. In *The Analytic Experience*. London : Free Associations (pp.236–253).

Tinbergen, N. (1957). On anti–predator response in certain birds: A re-ply. *Journal of Comparative Physiologic Psychology* 50 : 412–414.

Tower, L. E. (1956). Countertransference. *Journal of the American Psy-choanalytical Association* 4 : 224–255.

Tresan, D. (1996). Jungian metapsychology and neurobiological theory. *Journal of Analytical Psychology* 41 : 399–436.

Trilling, L. (1947). Freud and literature. In *The Liberal Imagination*. New York : Anchor, 1953 (pp.32–54).

Vargas Llosa, M. (2008). The fictions of Borges. In *Wellsprings*. Cam-bridge, MA : Harvard University Press (pp.26–46).

Winnicott, D. W. (1945). Primitive emotional development. In *Through Paediatrics to Psycho–Analysis*. New York : Basic Books, 1958 (pp.145–156).

Winnicott, D. W. (1949). Mind and its relation to the psyche–soma. In

Through Paediatrics to Psycho-Analysis. New York : Basic Books, 1958
(pp.243-254).

Winnicott, D. W. (1951). Transitional objects and transitional phenomena.In *Playing and Reality*.New York : Basic Books,1971(pp.1-25).

Winnicott, D. W. (1956). Primary maternal preoccupation. In *Through Paediatrics to Psycho-Analysis*.New York : International Universities Press, 1975(pp.300-305).

Winnicott, D. W. (1958). *Through Paediatrics to Psycho-Analysis*. New York : International Universities Press.

Winnicott, D.W.(1960).The theory of the parent-infant relationship.In *The Maturational Processes and the Facilitating Environment*.New York : International Universities Press,1965(pp.33-55).

Winnicott, D. W. (1962). The aims of psycho-analytical treatment. In *The Maturational Processes and the Facilitating Environment*.New York : Basic Books,1965(pp.166-170).

Winnicott, D.W.(1965).*The Maturational Processes and the Facilitating Environment*.New York : Basic Books.

Winnicott, D.W.(1971 a).*The place where we live.In Playing and Reality*.New York : Basic Books(pp.104-110).

Winnicott, D.W.(1971 b).Playing: A theoretical statement.In *Playing and Reality*.New York : Basic Books(pp.38-52).

Winnicott, D.W.(1971 c).Therapeutic Consultations in *Child Psychiatry*.New York : Basic Books.

Winnicott, D.W.(1971 d).*Playing and Reality*.New York : Basic Books.

Winnicott, D.W.(1974).Fear of breakdown.In *Explorations in Psychoanalysis*(C.Winnicott, R.Shepherdand M.Davis, eds).Cambridge, MA : Harvard University Press,1989(pp.87-95).

图书在版编目（CIP）数据

创造性阅读 /（美）托马斯·H.奥格登
(Thomas H. Ogden) 著；周洁文，殷一婷，何雪娜译
. -- 重庆：重庆大学出版社，2023.11
（鹿鸣心理．西方心理学大师译丛）
书名原文: Creative Readings: Essays on Seminal
Analytic Works
ISBN 978-7-5689-4199-0

Ⅰ.①创… Ⅱ.①托… ②周… ③殷… ④何… Ⅲ.
①精神分析—研究 Ⅳ.①B841

中国国家版本馆 CIP 数据核字(2023)第 210836 号

创造性阅读
CHUAGNGZAOXING YUEDU

[美] 托马斯·H.奥格登（Thomas H.Ogden）　著

周洁文　殷一婷　何雪娜　译

鹿鸣心理策划人：王斌
责任编辑：赵艳君
版式设计：赵艳君
责任校对：王　倩
责任印制：赵　晟

重庆大学出版社出版发行
出版人：陈晓阳
社址：（401331）重庆市沙坪坝区大学城西路 21 号
网址：http://www.cqup.com.cn
印刷：重庆升光电力印务有限公司

开本：720mm×1020mm　1/16　印张：16　字数：186 千
2023 年 12 月第 1 版　2023 年 12 月第 1 次印刷
ISBN 978-7-5689-4199-0　定价：89.00 元

版贸核渝字(2017)第 243 号